U0122660

文 創 社 國 際 有 限 公 司
MANKIND WORLDWIDE CO. LTD.

預知夢不是宿命，未來是可以改變的。
Premonitory Dreams are not predestination,
all things will happen if nothing changes.

Jucelino Nobrega Da Luz

馬堡病毒
MARBURG VIRUS

預知夢系列
The Series of Premonitory Dream

下一場疫症大流行
THE NEXT PANDEMIC

原著 ■ 朱瑟里諾·達·盧茲
編譯 ■ Amen Chung

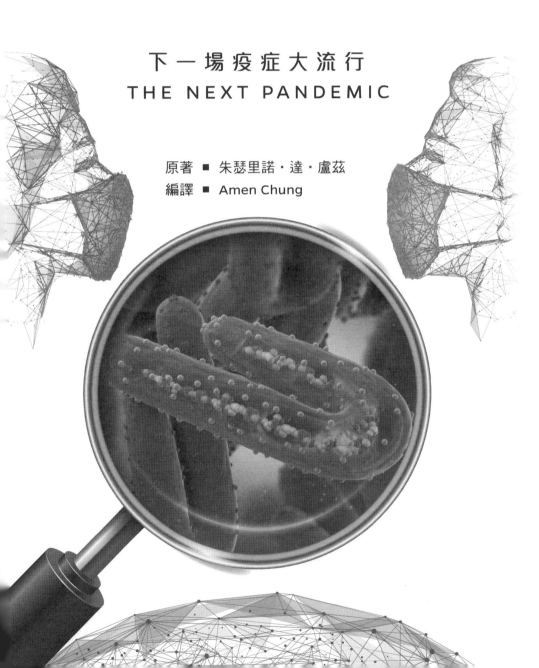

目 錄

為著人類的未來，我想這是合適的時候，把這首兩世紀前寫成的詩放在此書的開首。

當風暴過後，道路軟化

我們是船難的生環者

帶著流淚的心靈及受祝福的命運

我們將受祝福，因為我們仍生存

擁抱第一個遇到的陌生人

為能結交朋友感到幸運

我們要緊記失去的所有事情，並要學懂所有未學懂的事情

我們將不再被嫉妒，因為所有人都受苦

我們將不再心腸鋼硬

我們將更具同理心

我從沒擁有過的，對每個人來説更具價值

我們會更慷慨，肩負更多責任

我們明白我們是如何脆弱

這亦表示我們的生存

對於誰在生、誰離世，我們感同身受

我們會掛念在市場行乞的老人

雖曾在身旁，但我們永遠不會知道他的名字

或許老人是神明所偽裝

但你不曾詢問他的名字，因他太匆忙

一切都是神蹟，一切都是遺產

我們賺取回來的生命需要尊重

風暴過後，我問神，哀傷的

可以把我們造得更好嗎，就如你夢想般

＊(K. O'Meara - 詩人於1800年瘟疫蔓延時寫下的詩歌)

感謝一路前行到未來的眾多朋友

如果我們注意到生命是如何短暫，放棄某些機會前我們可能會三思，且會令他人快樂。太多花朵收成過早，某些仍是花蕊，有些種子永不發芽，有些則能開花綻放。花瓣逐片逐片平靜或憤怒的隨風而行。

我們不知道如何估算，我們只是造夢。我們不知道我們可裝飾伊甸園或種在我們周圍的花會維持多久。我們總是不留心。無論是自己或是他人，我們均沒在意。

我們總為小事難過，而忽略了寶貴的時刻。我們任由年月流逝。該說話的時候我們沉默，該沉默時我們卻高談闊論。我們對別人的批評過多，但沒有在生活的鏡子中看自己。

我們沒有擁抱靈魂所需要的事，因為在我們心內有東西阻止著。我們避免相愛之吻，因為「我們不慣常這樣」。我們不習慣說喜歡，皆因以為他人自然地懂得我們的感受。我們不尊重自己，因為我們的自我、虛假的權力及傲慢不允許我們。

夜幕過去明日降臨，日出日落，我們如常封閉自己。我們投訴我們所沒有的事，或經常想著我們的不足夠。對著生命，對著他人，我們控訴。對著自己，我們消耗。

我們經常與比我們得到更多的人比較。但是如果跟比我們得到更少相比較呢？這將有大大不同。

時日過去……我們只是生存，沒有生活。我們生存因為我們無知。只是，我們醒來不經意的回望。問問自己，現在怎樣？

現在，就在今天，是時候重整一些事情。給朋友一個擁抱，說一些充滿愛的字句，感謝我們所擁有的。你永遠不會太年老或太年輕去愛、尊重、貢獻自己、說一些美好的說話、做一些充滿愛的手勢。不要回望，過去的過去了。我們失去的失去了。向前望。我還有餘暇欣賞身邊周遭的花朵與果實。我們還有時間轉向內在感謝生命，生命雖然短暫，但仍在我們當中。

首先，在此感謝 Universal Superior Plan 照亮我的道路。感謝我的家人、所有朋友、同儕、親友，還有在我這艱難的旅程中出現的所有人。旅程雖艱難，但由1960年起，溫柔的聖靈之光一直陪伴著我。

謹將此書獻給所有朋友、合作伙伴、講學、精神指導、精神療癒及上述所有持續為人類獲得更好生命而奮鬥的眾人。

朱瑟里諾
預言家及心靈導師

如果我們能預知下一個疫情……

不經不覺，新冠疫情爆發至今近三年了，世界以難以置信的速度產生了許多變化。我們的生活、工作和人與人之間溝通的模式也被完全改變了。疫情為人類帶來「恐懼」和「痛苦」。到了今天，相信大家都已經「筋疲力竭」！

「恐懼」源於對病毒缺乏認知，時至今天，即使人類在科學和醫學領域上有著多麼卓越的成就，面對「全體死亡率」只有1%*的新冠病毒，各地政府已手足無措，只管封城和實施嚴苛的隔離措施，未殺病毒先毀全球經濟。強制施打研發期只半年、臨床數據不足、未經註冊，以及不能防止病毒感染的實驗性疫苗，讓社會內部產生極大擔憂和矛盾。當權者更公然向民眾說明，嚴厲的防疫政策是要讓不接種疫苗者造成「不方便」，完全顛覆了為健康而接種疫苗的原意，這視之為「痛苦」，比患上新冠病毒更痛苦！我重申，本人並非反疫苗人士，我絕對認同安全、有效的疫苗能為人類擊退病毒，但非實驗性疫苗。

有時候，我在想，如果人類當前面對病症的死亡率是80%而非1%的話，那怎麼辦呢？

自2021年得知，朱瑟里諾早於2020年在巴西出版了葡萄牙版本的《馬堡病毒》，我決心把此書翻譯成中文版本，讓更多亞洲區朋友為這個人類的下一個挑戰做好準備，萬一在未來遇上馬堡大流行，大家都懂如何保護自己和家人，避免「恐懼」和「痛苦」。

如果您或周遭有從事醫療行業的朋友，我極力建議您把此書推薦給相關醫護人員作參考，預先了解馬堡病毒的真面目和有效的治療方法，為人類的未來作準備！

我在此衷心感謝購買此書的您，因為我們都在為人類造福啊！

---

* 根據維基百科數據，截至2022年10月19日，
　　全球感染人數為625M，死亡人數達6.57M，
　　「全體死亡率」為1.05 %。

Amen Chung
朱瑟里諾亞洲區代表

馬堡病毒 • 簡介

馬堡出血熱是透過血液、身體分泌物等傳染人類或動物組織。接觸到受感染病人者的染疫風險很高。病毒潛伏期由病人接觸病毒及細菌發病起計算，估計達3至10天。

細菌急性期發生在首次出現病徵後7至15天。
在非洲某些社區，死於病毒的患者，其喪禮也造成病毒散播的途徑。接觸某種受感染動物如猴子及羚羊，也是另一種感染源頭。因此，教育群眾如何減低受感染機會是十分重要的。

診 斷
透過血液、唾液或尿液樣本分析，然後確認病毒。
專門的實驗室採用不同的分析方法可找出抗體甚至病毒。

治 療
不幸的，目前還沒有專門治療這病毒的方法，並將出現大量死亡過案，死亡率高達50%至90%。

支持性療法（對抗脫水、相關感染的經驗治療）及舒緩治療均適用。防止病毒擴散唯一方法是隔離病人及讓高風險接觸人士穿上特製服裝。推行嚴格保護措施，如隔離病人、醫護人員須穿上防水保護衣、手套及面罩等等。隔離病人區與外界環境須設置去污區域。重建病人的接觸鏈以找出潛在患者十分重要，也用作評估密切接觸者需否隔離。

目 的
根據地方的治療及生物樣本，審視及更新馬堡病毒出血熱懷疑個案的隔離措施。以生理病機制更新及制定建議書。

方法

在國家和國際數據庫中搜索文獻，找尋以下關鍵詞為題的論文，包括馬堡出血熱、管理、隔離……。

結果

馬堡病毒的主要目標是巨噬細胞和單核細胞，也會影響樹突細胞。一旦這些細胞被激活以釋放炎症介質，這些介質會改變內皮屏障的功能，從而混淆免疫系統並導致出血。目標主要攻擊肝臟，因為病毒的糖蛋白的N末端與肝細胞的糖蛋白凝集素-C類同。此方法側重於生物安全，使用生物安全程序和專門的防護設備來減少接觸病毒的機會。

疑似或確診患者必須隔離在單人房。建議使用面罩。在執行產生氣溶膠的程序時考慮使用N95呼吸器，並為更嚴重的患者考慮使用正壓的房間。如出現出血情況，請使用雙手套及覆蓋足部和鞋子的保護罩，尤其是在清潔和洗衣資源有限的情況下。如有懷疑應通知監管當局。

結論

病毒與肝細胞的類同與病毒引起的內皮屏障功能喪失相關的連接糖蛋白和框架出血有關。必須正確篩查患者並妥善處理受污染物，降低病毒傳播風險。

關鍵詞：馬堡出血熱、生理病機、患者隔離

流行病學

病毒透過人與人的接觸如血液、分泌物或受感染動物或人類的組織傳播，曾前往非洲烏干達洞穴的人報告感染了病毒，相信是吸入蝙蝠糞便引致。不過，這並不是人類間最常見的傳播途徑。

治療期間，須截斷傳播鏈。

朱瑟里諾指出，病人需要隔離，而醫護人員則須配戴保護黏膜（如口鼻）等地方。

缺乏防護或錯誤的衛生習慣可導致病毒爆發，如1999年兩名醫院員工，其中一位是醫院主任級的醫師。

迄今為止，錄得約480宗確診及報告。

症狀學

以下是馬堡病毒出血熱患者的臨床環節。

臨床顯示馬堡病毒出血熱跟伊波拉病毒十分類同。臨床表現指，人類感染馬堡病毒後潛伏期約2至21天。

初期只屬普通疾病，病徵像感冒，包括：

- 發熱
- 發冷
- 噁心
- 頭痛
- 腹瀉（可能含有血液）
- 嘔吐
- 面部、身體和四肢流行的黃斑皮疹
- 早期淋巴細胞減少症以及厭食症，也很常見的。

根據2008年的預言信息，其他由病毒引致的病徵還包括：

- 肌肉痛
- 關節痛
- 腹痛
- 胸痛
- 嚴重的體重減輕
- 譫妄
- 相對心搏過緩
- 嚴重的喉嚨痛

這類患者肝臟受損，我們稍後再作討論，不過，患者一般不會出現黃疸病徵，直至疾病末期。喉嚨痛可能伴隨著喉嚨軟組織腫脹，出現吞嚥困難，情況嚴重會導致呼吸困難。
晚期時或出現眼部疾病，患者會出現葡萄膜炎。

馬堡病毒會攻擊眼前房，大約在症狀出現88天後發生。

也有報告指出某些個案，一名女患者，前往烏干達兩星期觀察野生動物之行後回國，她經歷嚴重頭痛、噁心、腹瀉、發冷和嘔吐。出現症狀4天後，前往醫生診症時出現持續性腹瀉、腹痛以及極度疲勞，還有全身無力及精神錯亂。體檢時，她面色蒼白，腸鳴音微弱。另外有報告顯示，一名荷蘭患者，前往烏干達旅行回國後出現發熱及發冷。按這些報告，世界衛生組織（WHO）發出警告，前往若干非洲國家的旅客如烏干達及安哥拉，請避免進入洞穴及礦洞，洞內可能有蝙蝠，避免接觸絲狀病毒科病毒。
（World Health Organization（WHO），2008; CDC, 2010）

馬堡病毒感染者可通過採集血液樣本和牙齦塗片診斷，使用實時定量聚合酶鏈反應法（Q-RT-PCR）或酵素免疫測定法（ELISA）進行分析，4小時內得到結果。

每個國家按各自的文化，採取不同治療及看待患者的方法。這些因素會影響病毒擴散的控制。有時候，很難向馬堡病毒出血熱患者解釋或令他接受隔離而不接觸其他人。這是需要明白各國文化之處。

所以，必須改善接觸患者的方法，向每個患者提供不同的方法以迎合他們所需。

預 後（醫學名詞，指根據病人當前狀況來推斷未來經過治療後可能的結果）

一般來說，患者於出現病徵後8至21天死亡，因為多樣器官衰竭伴有彌散性血管內凝血和心血管衰竭，但整個病程從10至39天不等。

經實驗室測試，患者出現病徵後4天會患上肝炎及腎衰竭。

這些特殊個案，轉送到醫院後，患者會出現全血細胞減少症、凝血病、肌炎、胰腺炎和腦病。出院兩週後，患者會出現持續腹痛，並需要輸血以紓緩貧血。

絲狀病毒屬的特性

絲狀病毒科

絲狀病毒科是四病毒科的其中之一，構成單核病毒屬，另外三種病毒科還包括馬堡病毒（Marburg virus）、伊波拉病毒（Ebola virus）及最近發現的奎瓦病毒（Cueva virus），共有八種高毒性的病毒。所有在這病毒科的病毒的基因組及形態相同，不同於別的單核病毒屬的三種病毒科，彈狀病毒科、副粘病毒科和博病毒科，不僅對於非分段和特別長的 RNA 基因組，而且對於形態絲狀和具有獨特構型。絲狀病毒的其他特性還有在哺乳類動物中有限度感染，因其獨有的蛋白質（VP24）及獨特的起始及終止轉錄密碼子。

馬堡病毒屬

馬堡病毒屬是此文重點，病毒於1967年被發現，包括一個稱為馬堡病毒（從前稱為維多利亞湖馬堡病毒）的單一物種，具有兩個已識別的變體，馬堡病毒（MARV）和拉文病毒（RAVV）。
馬堡病毒（MARV）是本文重點，我們稍後會再作討論。

拉文病毒（RAVV）於1987年發現於肯亞，因一位15歲丹麥人出現馬堡病毒病徵後，接受當時可用的治療十日後死亡。感染源明確。後來到1999年德爾班（剛果民主共和國）爆發馬堡病毒時再次出現一個病例。2007年，另一拉文病毒確診個案於烏干達被發現，病毒源於一鉛礦。拉文病毒已從烏干達洞穴內的埃及果蝠（Rousettus aegyptiacus）分離出來，估計那裡就是拉文病毒的天然宿主。無論是流行病學、致病性、實驗室的診斷和治療學方面，均未能確認拉文病毒的宿主。另一個有待證實的關鍵就是病毒的潛伏期。

感染拉文病毒的臨床表現與馬堡病毒相似，包括頭痛、發熱、衰竭、嘔吐、噁心及厭食，伴隨是血尿、低血壓、瘀傷、白細胞增多症和血小板減少症。在臨床表現後期，會出現妄想、紫紺、嚴重低血壓、發熱、凝血級聯改變、低血容量性休克並因此而死亡。
驗屍報告顯示結膜、胃腸黏膜、肺、氣管、腎皮質、膀胱和心外膜出血，以及腹膜後水腫和胸膜、心包和腹膜積液。

伊波拉病毒屬

繼馬堡病毒後，伊波拉病毒曾於1976年在兩個地區，分別是扎伊爾（現今為剛果民主共和國）及蘇丹同時爆發後被發現。位於扎伊爾的源頭感染起始於一小村落，且迅速於全國發現倍增個案，共錄得320宗確診個案，而死亡率達89%。在同一時間，蘇丹錄得285宗確診個案，當中死亡個案佔54%。新病毒命名為「伊波

拉」是以發現病毒的河流命名，河流位於剛果民主共和國北部，包括扎伊爾伊波拉病毒。

這是屬於絲狀病毒科包含最多品種的病毒屬。伊波拉病毒是扎伊爾伊波拉病毒的唯一成員，於1976年被發現，更為同類中最具毒性的，且死亡率達90%。蘇丹病毒屬於蘇丹伊波拉病毒種，是於1976年爆發蘇丹及扎伊爾伊波拉病毒時被發現，屬第二最危險的病毒，死亡率高達51%。

本迪布焦病毒系屬本迪布焦伊波拉屬種，於2007年在烏干達被發現，是同類中最近期被發現的。這是第三大致命病毒，死亡率約為42%。

絲狀病毒科的一般特徵

塔伊森林病毒（TAFV）系屬塔伊森林伊波拉病毒屬種，於1994年因一位行為學家在科特迪瓦檢驗黑猩猩屍體時受感染而被發現。病毒只有兩宗感染個案，並未出現死亡個案。

最後為雷斯頓病毒（RESTV）系屬雷斯頓伊波拉病毒屬種，於1989年因從菲律賓運送猴子到美國時被發現。目前，這是唯一一種病毒沒有於人體引起疾病及唯一僅在靈長類動物傳播的病毒。

伊波拉病毒的病媒仍未得到確定，但是得知感染後病毒潛伏期為3至22日，其後出現病徵。觀其臨床表現，各屬種均有不同，但有共同的特徵。

治 療

目前並沒有專門對付馬堡病毒或其他絲狀病毒感染的治療方法。治療方針不是針對臨床的表現，而是感染的後果。以馬堡出血熱病毒為例，治療介入包括輸液、輸血和凝血因子維持循環容量、氧氣水平、血壓和生理灌注以及保持電解質平衡。若後續感染須

使用抗生素，以及根據需要使用其他類別的藥物（來自疾病控制和預防中心，CDC）。

發展新療法 —— 多個用於動物的療法正在研發中，但是目前仍未有一種療法獲批於人體使用。不過，當中有些具臨牀價值的試驗，正等待當局批准在人體試行。但是，試驗是以人類零星爆發馬堡病毒病例為條件。重組（rNAPc2）為一個暴露後療法，正在研究抗凝血劑能力可否逆轉因馬堡病毒引致的抗凝血功能，存活率為16%，死亡時間為1.7天。由於只有部份保護，其挑戰為需要加入佐劑增強，並擴闊光譜以對付已知的馬堡病毒菌株。FGI-103

是低分子量化合物，在一次伊波拉病毒研究中被發現。當使用經24種馬堡病毒改良的馬堡病毒菌株（賦有囓齒動物的能力）的致命劑量於受感染的老鼠身上時，在感染馬堡病毒54小時後經流行病學、致病性、實驗室診斷和治療，證明是一種具有潛力抑制該病毒發病的分子。老鼠以FGI-103治療後出現低病毒載量和低水平的TNF-α、IFN-γ、IL-6和生理水平的肝酶。雖然FGI-103的抑壓機制以及過程中出現的其他分子有待釐清，但這展現出在此界別的優勢以及治療馬堡病毒、減弱水泡性口炎的可能，表達穆索剋菌株GP蛋白展示了後暴露治療方法有效的證據，靈長類動物感染後30分鐘用藥，存活率達100%。此療法的缺點是，在病毒爆發情況下，必須於兩天內接受治療，否則無效。然而，在有有效疫苗的情況下，對於實驗室環境中的意外感染，它是一個可行的方法。BCX4430是一種合成的腺苷類似物，能夠抑制病毒RNA聚合酶，正被研究

作為對馬堡病毒的穆索剋菌株和食蟹獼猴中其他絲狀病毒的暴露後治療。感染後48小時使用合成物，並持續每兩天一次的使用直至14日後，證實可以完全有效抑制病毒複製及靈長類動物隨後的感染。BCX4430展示了非常安全的記錄，只等候於2016年5月進行人類臨床測試的第一期結果。AVI-7288是腺苷寡聚體用以防止病毒複製，藉著杜絕NP蛋白基因的轉錄，透過與其信使結合。此合成物經染上馬堡病毒的食蟹獼猴14日測試，分為感染後1、24、48及96小時後用藥等不同組別。感染後1、24及96小時後用藥組別存活率達86%，而感染後48小時候用藥的組別全體存活（對比組別，使用生理鹽水治療的，則全組死亡。）結論為，此研究證實了AVI-7288可以保護食蟹獼猴於感染後96小時持續用藥14日。相同的合成物會按情況應用在第一期人類臨床測試中，持續14日使用不同劑量的AVI-7288。結果顯示16mg/kg劑量，AVI-7288不會對個體造成任何威脅，並不會造成不良影響。AVI-7288代表暴露後的治療選擇。

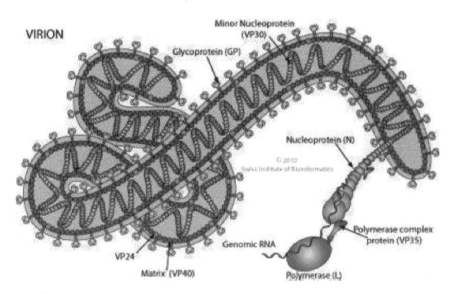

圖片來源：Published by viralzone

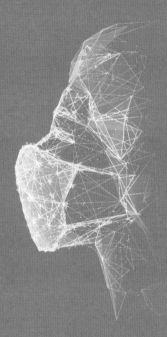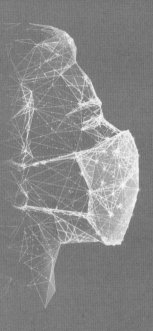

第一節

第一節
朱瑟里諾的偉大預言

記者／雷納托·坎波斯 （Journalist Renato Campos）

對某些人來説，他是「現代史上最偉大的預言家」，也是最偉大的和平製造者。

數十年來，當權者親身到聖安德烈探訪這位預言家已成為傳統，以表尊敬之餘，也得聽他的「預言」。一切有關此人的事和工作都不尋常。朱瑟里諾是現代唯一的預言家，是一個關心他人多於自己的人。

他的著作會流傳後世，備受尊崇。

教皇約翰保羅二世和其他重要人物會因「美洲預言家」而獲益嗎？或希望藉此提升個人名望，聲稱朱瑟里諾稱讚他們是最偉大仁慈的代表？時至今天，在朱瑟里諾獲得認同30年後，難道百多萬的信眾盲目追隨這位「看見未來的時空旅者」只因為他懂得如何將每一個折磨我們的預言寫得引人入勝？

很久以前，朱瑟里諾的名字已備受尊敬，因為他預言的日期、月份及年份十分準確。

現在很多法學家、進化論者、記者、科學家和學者都很尊重朱瑟里諾的預言，他們獲益良多。他預言準確度高，展示了他的預言對過去及未來有多大裨益。

某些人形容朱瑟里諾為勇敢、具啟發性及受高度教育的男士，以及傑出的人道主義者。因著「未來旅者」的名氣，很多人視他為地球改革者。預言是啟示錄的對應，充滿著希望與覺悟。簡單的語言對大自然轉變及環境破壞有重要意義。

他人說：「至於預言的基本主題，他總是宣揚覺悟、罪案、災難、氣候變化等事實。」

「在人類歷史中，這些事情經常、不斷的發生。」意指這些事情不難預測。但是，朱瑟里諾可預測仔細的日子。一般人是不可能準確預測事情發生的年月日。

科學家總結他們的看法為：「美洲史上最偉大的預言家。」

「已確認寄出超過十萬封信件」或簡單來說，能預知那麼大量的事情，不可能全部預測準確。

1973年，巴西對朱瑟里諾展開瘋狂的研究。但這次不是要測試預言的可信度，而是討論預言正確的表達方式。在他的著作「啟示錄」，為全球暖化作出一個歷史敘述。最近，科學家亦確認了他的顧慮，令他的預言顯得更可信。

科學家最近於法國、美國、德國及日本的科學會議中，認同朱瑟里諾對於北極冰川溶化、地球水源短缺及潮汐入侵海岸線等均為真確。

「看來，高階意識在這摩登時代可以被解讀，僅僅因為他了解您的思維方式、語言、靈感來源以及書寫文字的含義。」朱瑟里諾說。

毫無疑問，朱瑟里諾上述的文字代表了地球的意識，大約在2015年左右，人們會更容易明白預言，那時候預言便會受到重視。

然而，這不是意味著未來報告的意思在此（2015年）之前會被完全隱藏，儘管某些重要的訊息已十分清晰，研究人員已努力澄清許多個案，再者，很多預言今天都應驗了。

預言的事情已應驗，跟未來旅者預言的一樣。這是朱瑟里諾受歡迎的原因。因為他生活於過去擁有不同特質的時空。他的意念越多，便越堅信他是為我們而寫作。如他所指一樣，今天代表了「時間的意識（Time of Awareness）」。

今天 ── 所有事情在轉變中

重大變化標誌在朱瑟里諾現今的生活中。他於巴西Floriano馬林加（Maringa）出生，是Oswaldo Nóbrega da Luz與Edilia Ferreira da Luz的兒子。他曾跟法國、日本、美國、德國的科學家會面，警示地球的危機。他拓展了「人道主義」，因他教導人類對世界的新概念，生命的意義過往被人低估，展示了生活的喜悅及我們大自然原始的一面。現在，你會渴望生存，所有人都會被應許了的、未來的永恆和平安所吸引。

今時今日，地球存在著混亂及解體統治，亦證明了最穩固的「法則」開始動搖。即使無人敢於向大眾承認人類所造成的破壞，但很多人已知道朱瑟里諾在說什麼。

被出色通靈師選中的預言家

但是，在年輕的朱瑟里諾的血液裡，有著強大且付上高昂代價的承傳。因此，他與傳道者約翰及聖約瑟有著直接的「血緣」關係。作為一位預言家，他背負著強大的基因包袱。

古埃及 —— 控制及數算時代

朱瑟里諾或許曾經懷疑自己看見的異像，但他曾經提及有關流感、愛滋病、伊波拉、新冠肺炎及馬堡病毒出血熱等預言。

這讓他建立了一種自律、典型和準確無誤的特質。但是，其精準的日期比從前的預言家更厲害。古埃及靠著的是曆法和數學。他曾於守夜祈禱後，檢視於夢中所得的啟示來拆解它。也就是說，他的預言具有廣泛的埃及數算，因此他從可靠的預言中消除了任何可能滲透的元素。

但是，計算的首要目的是為了確定地點和日期。任何曾與占卜師、通靈者打交道或閱讀聖經預言的人應當知道，準確預測事情發生的日子或地點是十分困難的。但在他的腦海中，就像播放一齣電影。他在預知夢中看見立體（三維空間）的影像，像置身其中般。

即使在預知夢中的影像迅速掠過，但涵蓋了所有事情。可以用'簡潔'來形容所看到的畫面。當然某些情況例外。

因此，他被譽為史上最偉大的預言家並不為過。但是，朱瑟里諾在預知夢中所見清晰的事發日期，是有可能改變的。

有時候，夢境會顯示1至9個緊密相關的預言，或跟從類似的模式如電影般的影像展現眼前。最佳例子為耶穌預言耶路撒冷的毀滅及世界末日。如此書所闡述的，聖城耶路撒冷被毀與基督教聖城羅馬的毀滅合併在同一個預知夢出現。第一部份已於公元70年發生，並以殘酷的方式出現。任何明白或相信預言的人都設法脫險。而第二部份則被暫停了2000年。

耶穌像是道歉的說：

『但那日子、那時辰，沒有人知道，連天上的使者也不知道，子也不知道，惟獨父知道。（馬太福音24章）』

朱瑟里諾終於認清預言的問題所在並找出辦法：古埃及曆法，就是時間的紀錄運算。

很多朱瑟里諾的傳譯者不斷反覆印證並翻看其信件，以證明他的預言是最完美的。

他的工作不涉及任何宗教、教派及哲學。

現實中，他釐清與宗教的不同，但他尊重所有宗教教派並出席所有聚會。無容置疑，這也是靈性的一部份。他準備展示神如何掌握一切，並如何熱切的看待人類。

關於分裂主義與個人理解的預測，朱瑟里諾堅持保持其普世立場。而且，他真誠的説……他的宗教是恰當的「神」。有此差異，我與當今偉大的神學家一致。

在神的允許下作出預言是值得表揚的，對於無可避免發生的事情如災難、瘟疫、戰亂等，在這些情況，因果的物理定律是可預測的，作出警告可盡量減少此類問題。

但是早前曾提及，朱瑟里諾的預言並不是來自古埃及曆法，預言只是一個可控因素，將影像固定於某空間及時間。

對他來説，第三種情況是特別重要的。為了理解這處境，必須轉化自己到他的時空及目前的思維中。地球裝載的所有事情都是不完美、短暫和脆弱的。在此之上有一個完美的世界，神之所在。所有圍繞祂的都是祂，也不是祂。然而，天上的星星是可見的跡象，它的移動像按鈕般控制著地球上事情的發生。這些按鈕不是隨機被觸發，而是根據嚴謹的秩序及可見的規律，也可以透過這些來猜測神的想法。所以，觀星之人「腳在地球上卻離天堂很近」。

預言可出錯嗎？

按目前的看法，預言最終的缺陷必須歸究於以占星計算事發日期的問題上。此外，我們記得聖日耳曼曾説：「預言不是刻在石頭上」。換句話説，朱瑟里諾嘗試修復這些問題以避免錯誤。像其他人一樣，你總不能自由地犯錯。

「但請緊記，預言並不是遊戲，能量每分每刻在轉變，且預言家不能控制……」。

這指出未來的改變並不是預言家所能操控。

任何原因也能導致預言失誤，這是問題所在，前文已描述過預知夢發生的情境。要讓別人容易明白或理解預知夢的原理和運作是十分困難的。

但是，朱瑟里諾做到了，儘管他明白這意義，過程充滿著猶疑。

他懂得以驚人的準確度及清晰度去報告這些異像，這是受人愛戴的壯舉。你對預言研究得越深，便越感到驚訝及好奇。

朱瑟里諾成最暢銷作家

這絕對是可以理解的，因為所有預言信件的原稿意外地還保存至今。朱瑟里諾於2005年發表了第一本著作名為「超越預言的人」（The Man Beyond the Prophecies），並於巴西和日本爆發「朱瑟里諾狂熱」。

該著作繼而再版，編輯人員尋覓新的文章及加入新的資訊。不久，另一本著作「啟示錄」便於2006年12月出版了。

朱瑟里諾的著作深受讀者歡迎，因為書籍中包含了事實真相、預言的引述及信件回應。

對於惡意抨擊，朱瑟里諾置若罔聞。宿命論在數百年來以恐怖的影像折磨了不少感到恐懼的人。每當談論朱瑟里諾時，請緊記這一點。

大約在2039年，世界將會起義，氣候也將逆轉。

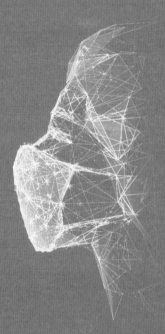
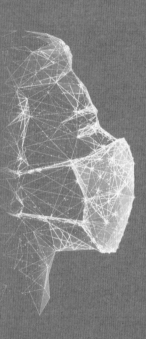

第
二
節

第二節
預言的三個前言

如欲了解朱瑟里諾，首先必須閱讀此三段前言。在此，作者剖釋
自己。他像說明書般解釋其目的、意向及預言的「進程」。同
時，也展示了概括的未來影像。

第一個前言與嚴重的生態問題相關，朱瑟里諾知道他沒有時間與
不理解問題嚴重程度的人們爭論。
如欲好好了解其文字，也不是那麼簡易，每段前言將作分段。

有關生態問題的前言

人類一向漠視時間、警告而只注意在物質生活上。作出警示，是
因為生態問題要在2007年12月31日前作出改變。我們需要關注，
因為我透過神的信息得悉，我們必須及時制止大氣層的污染，以
免太遲。人類始終不明白，他們理解不到2043年的事。

「所有預言都是來自神」

因此，我只能把信息寫給你們，免得被時間沖淡、淡忘。但是預
言這天賦隱藏在我心內，還必須考慮到人類的所有事件總是不確
定的，而且一切都受至高無上的神所主宰。
神教導我們，不是透過妄想的幻覺，也不是透過精神興奮，而是
透過文件證據。

唯獨透過神的作為，造預知夢預知未來，並投入預言家應有的精神。

很多時候，曾有一段長時間，我預言的事件剛好在發生之前說出。大家必須明白，所有事情是由神聖的力量來完成。其他在短期內預測的喜事或悲劇、已發生及未有應驗的事情全因地球氣候所致。在現實中，我寧願選擇沉默和置之不理，也不願傷害現在或主要是未來的情感。

因為這個原因驅使我使用開放的語言，並在文章中使用隱喻。我曾考慮停止我的預言。現在，我會以開放及清晰的句子來講解大眾均感興趣的未來事件。對於最專橫跋扈的事情，以及未來人類的生活，就我所見，會觸怒一些知名人士。

所有事情均以清晰的影像呈現，比其他預言還要清晰得多。然而，有人說：「當然，對於聰悟及狡猾的人來說，這是從現在和有權勢的人那裡得來的，而你則將它們澄清給弱小與謙卑的人。」永恆的神與良善的天使賜予預言家預言的能力。透過它，預言家能看見遙遠的事情，更能預測未來。

沒有祂，什麼也不可能發生。祂偉大而強大。祂憐憫世人。雖然世人常常阻止其他人類能力的存在，如這種天賦助人的本心、溫暖的預言能力，但也同樣降臨在我們身上，如陽光灑照般。
祂影響肉體與精神的層面。
造物者的作品是完全絕對的。神在天使幫助下把他們完成，並且站在善與惡之間。

今天的預言家，往日被稱為先知。真正的預言家可以看見遠方的事物，其能力遠超一般常人的認知。感謝全能神的照明，向預言家揭示了未來事件，進而為人類帶來訊息。某些預言未能成真，皆因預言跨越了很長的時間。

「預言真的能製造嗎？」

「神的秘密」本質是不可思議的。當作用力與自然感應長時間接觸，便會造就自然意志。
事實讓我們能夠推斷原因，這些都不能單靠直覺。

那些通過神秘科學或變遷而正在發生的事情，人類在非常神聖的天穹之下被感知，這是永恆不變和可觸知的現實，涵蓋所有時間。

然而，由於這個不可分割的永恆及世俗的進程，恆星運動可以揭示其原因。

因此，預測未來和製造預言是可行的，但沒有神聖的啟示便不能成事。因為每一個預言家也是從神（創造者）那裡得到靈感。有了「啟示」後，才會出現行星的影響和天賦。

這三個元素各有不同，並且以可變的方式對預言作出貢獻，即使在某些時候缺少其中一項。所以，預言所描繪的事情可以部分實現或全部成真。這情況已體現於 "2006年至2020年選舉" 的案例中。

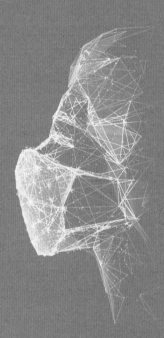

第三節
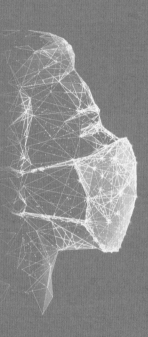

第三節
發現天賦 • 預知能力

當幼年朱瑟里諾跟同齡男孩玩耍時，有一個發光的球體墜落在他家的後花園上，並且發出奇怪的光芒，光線比自然光線更光更熱，照亮了整個花園，像是燃燒著的火球。

有些人堅持等待它由白銀變成黃金，其他人則希望在地球找尋不朽的金屬，或嘗試捕捉無形的光波。

但我卻毫不懼怕地捉緊那光球，也沒有細想可能發生的危險。

預言的基本資料

關於預言洞察力的多少，要得到神的認可才能成就，以下是我所指：

唯獨得知未來的人，才能堅決地拒絕任何幻想。

受警示地方的特點因著神的啟發而收錄在記憶中。

然後，預示了的地方紀錄會從天像顯示出來，要知道哪個才是對應的訊號，便要透過古埃及數學運算。

因此有以下三個步驟：洞悉隱秘、天賦、能力及神聖力量。在現在、過去和未來的神面前，它們在長久的交替中融合以建立永恆。這一切將清晰的展現在你的眼前……

因此，你便容易明白到，儘管有預言的基本資料，未來的事情可以透過夜間天國的光像（預知夢）告知，透過預言家之靈魂，那是從預言之靈性層面來的，是自然的。

我無意以『預言家』之名自居。

但是，通過靈感，平常人即使腳踏平地，但感官卻接近天堂。
「我沒有錯……」。

我跟世界上所有人一樣都是罪人，承受著人類一切苦難。但是，有一天，我在夜間做了一個預知夢。透過細心計算，我清除了晚間有毒的味道，將其轉化成怡人的生活氣息。

因此，預言書誕生了。這書收錄了超過200頁的文字和預言等等。經本人審議過後，預言的表達變得清楚和仔細。

但是，他們處理的是從1969年至未來許多年的一系列預言。或許有誰能去除障礙來了解朱瑟里諾長久以來希望揭示的事情？

這事情將會發生，也會獲得人們理解。當海岸線完全被淹沒後，全世界便會明白當中的關聯。

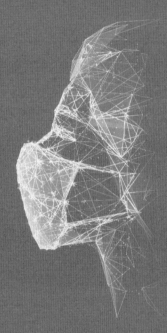
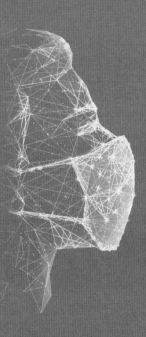

第四節

第四節
為何預言大多應驗？

只有全能的神才能知道他自己發出永恆的光芒。當他決定向某人透過夢境揭示祂的偉大、無可限量、不可思議的力量時，其原因只有他自己才知道，這意味著，他所預測的事情當中，約有70%至90%應驗，而10%發生了變化。因為其源自天堂的指示，星光像自然光一樣照耀。但是，自然光讓哲學家確信這是源於超自然現象，它甚至可以照亮最崇高教義的核心。

但是，亦有人認為朱瑟里諾不會洞悉所有的事情。

以下段落為科學的指標，並將解釋得更仔細：

「但科學家將不會認同的」，因為我發現地球正處於全面氣候逆轉的邊緣。洪水泛濫將會不斷發生，直至無處不被水淹沒，而且這個狀況將會維持一段很長的時間，像是要讓所有東西消失，面目全非。

由現在起至32年後，沿海地區將被海水入侵，許多地方將移至海底。

但是，在水災發生前，整個地球的氣溫將高達攝氏63至68度，旱災降臨，缺乏水資源也將引發鬥爭。

仇恨會佔據人類的內心，暴力將會統治地球。沒有人能生還。

大型的村落將會出現，同時，我們將會發現地球上14個較安全的地方。

根據我的預測，每一個時期都會為人類帶來恐怖的烙印。

再一次，朱瑟里諾説回最近的預言事件。他已寫下近36年以來亞洲及非洲的血腥宗教戰爭、長達12年的戰爭及其帶來的後果。

「由我寫作那刻開始，經過36年2個月10天」期間，由2007年起，由於不斷的疫情、飢荒、戰亂、地震、颱風、龍捲風、旋風、風暴及長期乾旱，世界便承受嚴重的破壞。世界的樂土不多，因關注土地及植樹管理問題上遇到困難重重。某些人願作物質的奴隸，被貪婪、傲慢及自私所支配，感到自己成了自己的奴隸。

因此，這必須是你的意願才能實現，而絕不屬於他人的動機，同時也受他人所迷惑，仿佛沒有絲毫理智。
以下是一些建議：注意「天象的信號」。朱瑟里諾所指的是2015年至2036年期間接近地球的小行星。

「星星因『復興』而相遇」。因為神曾言道：「我會以鐵火箭懲罰他們的罪孽，並且用鞭子鞭打他們。」
核戰、致命疫症、氣候變化：瑪雅預言之世界末日可能會被改變，但神喻的事情已經開始，痛苦將會很漫長，並且向科學家們作出警告，就如朱瑟里諾在1998年已去信美國前副總統戈爾及其他人一樣。

朱瑟里諾宣稱：「認為世界會因某些原因突然終結，這是荒誕的想法。」

「地球已存在超過40億年，在太陽使我們的星球無法居住前，我們還會經歷更多的歲月。」

某一天，地球各處都會受陽光照射，氣溫急升。

由現在起計50億年後，太陽會變成「紅巨人」，熱力將會上升，並在更早的時候，造成海水蒸發，使地球大氣層消失。太陽稍後會冷卻直至滅絕。

然後，我們會與兩個銀河系相遇，那時地球便會滅亡，但人類還未滅絕。如果聰明的人類能找到延續人類、動物及植物品種生存的辦法的話，人類可避免滅亡。
朱瑟里諾表示：「直至那時，應該沒有任何天文或地理上的威脅而導致地球毀滅。」

但威脅會否來自天空？就像荷里活電影中所見的小行星撞擊地球？地球將會發生一個近似的小型災難，一顆直徑10至15公里的小行星墜落於墨西哥尤卡坦半島（Mexican Yucatán Peninsula），威力可能與6,500萬年前導致恐龍絕種的相類近。

朱瑟里諾表示，類似的災難在可見的將來是可能發生的。
「我們確定地球附近並沒有類似造成恐龍滅絕般大小的小行星」，但我們必須小心，因為凡事皆會改變。
「再者，如果小行星導致恐龍及很多物種滅亡，但並未有根除地球所有生命，人類還有機會存活的。」莫里森説。

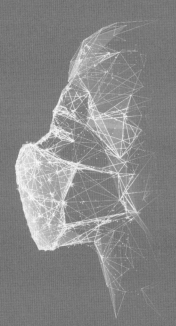
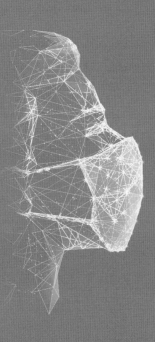

第五節

第五節
2009、2019、2025-26年及後的疫症危機

在變種病毒（如H5N1禽流感）全球大流行的年代生存是十分複雜的，但是「也不會導致人類滅亡」。我們需要面對的是2019年的新冠病毒，以及2025年至2026年的馬堡病毒。如果我們早作準備，是可以避免「混亂」的。

「免疫系統的多樣性是十分重要，至少有1%的人口可以自然免疫。」朱瑟里諾表示。

雖然，核戰理論由冷戰結束後已乏人問津，但並未完全消失。

受害者人數多少視乎戰爭的規模，即使只是地區性的衝突，例如巴基斯坦與印度開戰，已足夠造成「核戰冬天」且影響全球；又例如氣溫驟降導致農作物失收等等。

朱瑟里諾發出了全球暖化的警告，而科學家亦關注到氣候的變化，並警告全球暖化會釀成末日恐慌。

其實有一些簡單的措施可以扭轉所有事情及假設。如果人類對環境保護繼續是無動於衷的話，乾旱、風暴等其他自然災害將會變得更頻繁，氣溫也會持續上升2至4度。直至2043年，上升幅度更達至5.4度。

這會導致人類自毀，朱瑟里諾的警告以及一些認真的科學家也竭力要求遏制毀滅性的地球暖化。

非洲和巴西之間的分界線將在兩國的東北部和東南部之間伸延。

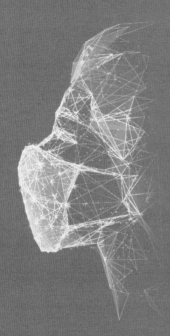
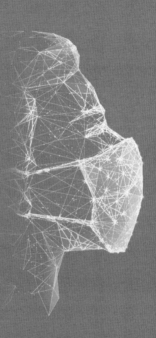

第 六 節

第六節
朱瑟里諾給我們的警告

當朱瑟里諾提及預言將在何時應驗時，他總提到一度「裂縫」將會導致巴西及全世界觸發一場大災難。冰山與裂縫有著緊密、微妙的關係，所有事情會因著人類的任性而加劇，並預計將於2043年發生。

這雙重災害是否迫在眉睫？如果朱瑟里諾所説是對的，而眾多預測者、占卜師，甚至現代的科學家也認同他的時候，無可否認，那災難已經來臨了。

朱瑟里諾早已提供了兩個合理的理由以證明災難發生之日期，但為何不是該天稍後或其他的日子呢？

首先，近上10萬封預言信已引述了詳細的日期。當中大多是關於未來的信息，而其他則屬於過去的。如2001年9月11日雙子塔遇襲、2004年12月26日的南亞海嘯，和新冠病毒爆發等等均證實他預言的準確性。那些日子對朱瑟里諾來説是歷史上重大的分水嶺。在當天，世界會如眾多人聲稱般終結，只因他們不明白，亦誤解了朱瑟里諾的預言。相反，如你從這一刻開始便明白預言的內容，這將得出截然不同的結果，並且影響全球80%人口的命運。

朱瑟里諾運用了古埃及曆法計算以預測未來事件發生的日子，且準確度甚高。

古代的占星家認為日蝕是重大事故的訊號，經常引發災難和騷亂。這可以是君王之死、國家之滅亡或自然災難。

這正是朱瑟里諾所發佈的。

在非洲，加那利火山群島（Canary Island）將於2028年11月25日爆發。

有一個有力的論據以證實朱瑟里諾及眾預言家過去的預言。已公開的預言指在2029年至2036年間將有星體衝擊地球。其後，人類會作出有效的防禦。防範措施計劃可能已在科學家的袋口中，並可能在不久將來成真。

現在，讓我們從地球開始看看未來數年將會發生的事件。

在2023年，長達130公里的破壞性雲團將會掠過聖保羅和紐約的上空。

意大利 ── 威尼斯之毀滅

黑暗終結：威尼斯將於2039年3月19日被水淹沒，完全被毀，消失無蹤。

宇宙災難因人類的任性而惡化。

當提到朱瑟里諾及其所發佈未來幾年的預言，很多傳釋者只對環境破壞作出描述。

然而，所有海嘯與颶風帶來的恐懼都被預言家後續的預言克服了，所謂「重盪中的騷動」。這場「宇宙革命」對地球上的生命產生嚴重後果。

朱瑟里諾斷言，我們的星球正受著從天而降的、具毀滅性的災難威脅。但是，人類只懂謾罵災難發生是如何恐怖和殘忍。他們的言行間認為災難是永遠不會發生似的。

人類促使地球氣候變化，就像他們漠視地震、龍捲風及大洪水一樣。

朱瑟里諾表示，科學家對氣候變化、天氣情況，以及目前仍很和諧的太陽系進入了激烈但無結果的討論。他表示「全球騷動」所指的並不是戰爭或恐襲，而是自然災害（因人類自食其果）。

洪水泛濫將會變得嚴峻，你會看見某些地區罕有地被水淹浸。持續的洪災摧毀所有一切，而被水淹沒的世界將有更多苦難。

然而，在此災害來臨之前，氣候將持續升溫，大洪水過後不同地區將會下雪，大量冰塊和岩石將從天而降。無人能離家半步，否則生命將受到威脅。

朱瑟里諾警告，第一個轉變的跡像將是重大的氣象災害，且不管冬夏，災害次數會大幅增加。北極溶雪而沙漠會侵佔不同區域。它的破壞力以及水源缺乏將會導致非洲及亞洲之間發生衝突。最後，巨大洪水將會出現，全球將會餓殍遍野。

此外，日本的東海地區（Tōkai region）將於2022年或／及2041年發生強烈地震。

通靈援助破滅罪行

在美國、日本及巴西，由靈媒及通靈者領導，利用異常的力量協助警察破滅罪行。法庭均接受預言及預言信件為證物。

經濟、政治及政府的變動

首先，人類所得到的聖靈天賦，如運用得宜，得到的回報將是夢寐以求的真正家園 —— 天堂。在相對程度較輕的重要性上，朱瑟里諾也會收到求助者的禮物，這是對等、互利的法則。

人類有一個嚴重及危險的錯誤，就是視物質生活為人生最重要的目標，這實在是大錯特錯。這違背了創造者（即人類創造者）的原意，所以不會帶來好結果的。人擁有靈魂，首要及必要的任務是提升靈魂和靈性。正確的改善靈魂和靈性（加上正確運用），自然帶來豐盛的物質。

有些人花費數年去數算資產的增長和銀行的餘額，以及自私的享受用奸猾手段換來短暫的世俗物質，如果死後需要以無盡的恐懼與絕望去檢視他們當初輕易放棄的一切，有什麼好處？他們有時間接受精神上的救贖嗎？提升物慾的力量將有什麼用途？

世上有富有的人，但是他們只將財富用在自己享樂中，沒有利用其財富行善。

根據世界經濟的統計數據，特別在日本，清晰顯示地球上大部份的人的物質條件正在惡化，而國與國之間的經濟持續存在差距。我記得在1963年，地球上最貧窮的20%人口持有全球2.3%的收入，而最富有的20%人口則擁有全球近70%的收入。35年後，最貧窮的只分享全球1.4%的收入，而富有的則掌握全球85%的收入。在這段期間，全球生產總值由4兆增長至23兆。事實上，此證明了沒有為貧窮的人帶來好處。1996年7月，聯合國發表了一份報表指出，359位億萬富翁的財富合起來比23億人（全球45%人口）合起來的收入還要高。

過去10年，日本近30%人口的收入下降，失業率上升。由1995年起，他們面臨經濟衰退。

未來的日本經濟將會增長，富裕人口增加。中國改革會於2010年到達頂峰。而中國於2024年至2028年間將能成為世界第一經濟體。在2010年，紐約證券交易所倒下之前，日本經濟的平均增長率在接下來的幾年裡會是前所未有的。可悲的是，日本的失業率及年輕人自殺數字持續增長，因為家庭教育系統固有的思維是「我們不接受失敗……」。日本的自殺數字僅次於瑞典。

不幸的，大部份此類人（家庭）只因為金錢而糾結，只想擁有它，而沒有好好享受家庭的歡樂。一個人無論是精神上或是世俗

上能充份利用上天賦予他的能力，他永遠不會認為自己無限期地被剝奪了維持其家庭生活的必要條件。同樣，為了獲得精神上的進步而漠視物質，也是錯誤的。

另一例子，債務危機對日本及全世界造成巨大影響如就業、儲蓄、退休、生活水平及遷居自由等，並且擴大債務影響導致更多破產個案。日本未來將可能有更多人破產，而且恨錯難改。這證明了沒有任何一個政府的經濟力量是可以依賴的。

2010年、2021年至2023年世界經濟將會受到新一輪打擊，美國、日本、中國及歐洲將再次步入經濟收縮，主要因為2020年起、且持續的病毒大流行所致……。

馬堡病毒的爆發紀錄（至2017年）

年份	國家	明顯或疑似來源	報告確診個案	報告死亡個案 (%)	爆發原因
1967	德國及南斯拉夫	烏干達	31	7 (22%)	多名處理進口非洲綠猴子的實驗室員工同時感染導致爆發。
1975	南非約翰內斯堡	辛巴威	3	1 (33%)	一名年輕男子最近前往辛巴威旅遊被送到約翰內斯堡醫院後死亡。他的旅伴及一名護士受到感染。二人均已康復。
1980	肯亞	肯亞	2	1 (50%)	一名男病人最近曾到肯亞的埃爾貢山國家公園中的洞穴（Kitum Cave）。施救的醫生受到感染，後來康復。

年份	國家	明顯或疑似來源	報告確診個案	報告死亡個案 (%)	爆發原因
1987	肯亞	肯亞	1	1	一名15歲男子死亡個案，於其到肯亞一個月後，他曾到埃爾貢山國家公園中的洞穴（Kitum Cave）。
1998 — 2000	剛果民主共和國（DRC）	德爾班	154	128 (83%)	馬堡首次在自然的情況下爆發。感染者大部份為德爾班礦洞工作的工人，其家人至鄰近村落亦受感染。
2004 — 2005	安哥拉	威熱（安哥拉）	374	329 (88%)	五個省份之中其中以威熱錄得最多確診個案。大量醫護人員及其家屬受感染。社會大亂並削弱了醫療系統管理。
2007	烏干達	奇塔卡礦洞	4	2 (50%)	西卡穆文奇省的礦工確診。
2008 (一月)	美國	烏干達球蟒洞穴	1	0	一名旅客前往洞穴後，得悉內裡有數千隻蝙蝠後，返回美國後不適。
2008 (七月)	荷蘭	烏干達球蟒洞穴	1	1	一名旅客探訪相同洞穴。
2012	烏干達	烏干達西南部	20	9 (45%)	4個地區（卡巴萊、伊班達、姆巴拉拉和坎培拉）。
2014	烏干達	坎培拉	1	1	一名健康的教授。
2017	烏干達	奎恩區	3	3	同一家庭內的三位成員。
		總數	595	483 (81%)	

馬堡病毒最早於1967年被發現，當年病毒出血熱是在馬堡及德國法蘭克福、貝爾格萊德及南斯拉夫（現今的塞爾維亞）的實驗室爆發。31名人員患病，本為實驗室員工，然後接著數名醫務人員及照顧他的家屬受感染。7宗死亡報告。首位受感染人士曾接觸進口的非洲綠猴子或研究時暴露於其組織。最後還有一宗回顧性確診個案。

馬堡病毒的原宿主為非洲果蝠（北非果蝠）。果蝠感染馬堡病毒後沒有明顯病徵。靈長類（包括人類）會受馬堡病毒感染，並發展成高致命率的嚴重疾病。其他品種會否帶有病毒則需再作研究。

延伸閱讀有關馬堡病毒……

傳播
傳播途徑包括透過接觸馬堡患者的體液或屍體。

病徵：病徵會在感染後5-10天出現

暴露風險：馬堡病毒爆發期間，醫護人員及其家屬均屬高風險人士

爆發：過往及目前爆發列表、爆發年表及參考資料……

診斷：診斷馬堡病毒有一定困難，因為其病徵與流行病相似

治療：治療馬堡病毒面臨很多挑戰，目前發表了一些防範措施

防禦：醫護人員及其家屬，確診者及其友人處於高風險狀態

資源：爆發資源、病毒性出血熱（VHF）資訊給特別小組、參考資料

影片：《烏干達球蟒洞穴》 Uganda Python Cave

烏干達：尋找馬堡病毒

美國疾病控制和預防中心（CDC）的科學家帶領一個小型先導項目，深入烏干達森林，追蹤帶有馬堡病毒（伊波拉病毒的近親）蝙蝠的動向。科學家於球蟒洞穴捕捉蝙蝠，貼上衛星定位裝置在蝠背，搜集其動向，以了解馬堡病毒如何傳染給群眾。

相關資訊：

華盛頓故事（Washington Post Story）：蝠背之祝願（On a Bat's Wing and a Prayer External）

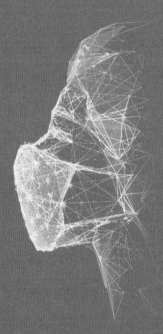
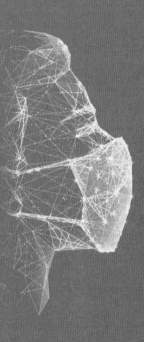

第七節

第七節
全球暖化的影響

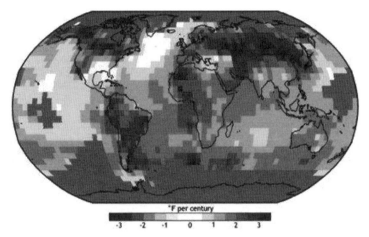

°F per century

-3 -2 -1 0 1 2 3

註：以上圖片只作參考

圖片來源：FAQ appendix of the 2014 National Climate
Assessment（由NOAA NCDC提供）

好吧！現在就談談全球十個碳排放量最多的國家：

美國、中國、歐盟、俄羅斯、日本、印度、德國、英國、加拿大和南韓

全球暖化的首要後果便是導致大面積的冰川溶化，這是氣候轉變的一大證據。英國撒克遜人最愛的威爾士雪敦國家公園，位於高地的最南面，最具象徵性。

如保持目前速度，山頂的雪蓋範圍便會於12年間消失。

災難的結果十分明顯。一種稀有的古代百合由最後的冰河時期到現在生存了超過20萬年。

我們須在2007年12月31日前作出決定，否則便會錯過扭轉的時機。

過去30年間，朱瑟里諾已警告各地的科學家，人類的殘暴行為已威脅到大自然，而最終受害的是我們。
他的結論略帶威嚇性並指出，全球氣候變化已到盡頭，地球上的生命從此不一樣。但無論如何，2007年12月前還是有盼望的。
朱瑟里諾提議日本努力遏止全球暖化，因為他們首當其衝，其次就是印尼、印度、荷蘭、盧森堡、比利時、巴西、美國等等。

地球遭受破壞的畫面比想像中惡劣，遠超科學家所預料。而災難出現的時間亦比所有人相信的來得快。
看似在危言聳聽，但由於他是國際認可的預言家，已撰寫超過10萬封預言信件，我們毫無選擇的只能聽從他的警告。
保持地球清新的機制被削弱了，全球暖化因為人類活動，如交通及工業的碳排放，造成溫室效應。
這指出人類活動正非線性的破壞地球的管理系統。這些活動會於32年間帶來嚴重災難。

"碳信用：以一個篩子覆蓋太陽"
雖然很多國家參加了京都議定書，他們卻得到一個良好的藉口繼續污染地球 —— 碳信用。
這些信用允許工業國家享有權利繼續釋放溫室氣體，例如冰島布賴達梅爾庫茲冰川的雪崩，由1973年起後退了兩公里。
2024年，高溫會令農業大範圍失收，特別在貧窮國家，那裡龐大人口已經飽受飢餓及苦難。

水資源可能於2027年消失，100毫升的水的價值等同一桶石油。海平線上升，破壞大面積低海拔地區海岸線，但是人口持續增加，問題變得更加嚴重。

我也記得荷蘭、印尼及日本（大洋洲）最受影響。至2037年，混亂將會加劇，因為市區基建被惡劣天氣破壞，如朱瑟里諾預言2005年吹襲美國新奧爾良的颶風卡特里娜一樣。

如在神所訂立的日子於2020年12月31日前減少碳排放，氣候變化問題估計亦能受控。巴西亞馬遜森林將於2039年瀕臨消失。

我們以數噸計排放二氧化碳至大氣層，比起貧窮國家，富裕國家受害更大。因為他們將會失去國際間的經濟影響力，這會損害全球經濟。朱瑟里諾表示，砍伐森林以及使用大面積土地耕作不單止令溫度直線上升，而是急速飆升。

生活成本及模式的改變

工作機會將不會增長，但主要產品價格會於2021年大幅上升。生活成本最高國家如南韓、日本、英國、法國、德國、西班牙、意大利、中國、台灣、葡萄牙、印尼、沙地阿拉伯、巴西、美國等等。

科學工程專家應該尋出一個快捷的潔淨方案

河流缺水將會大大影響世界經濟。東方及非洲人的習俗、生活模式將會產生顯著變化。因此，大部份人需遷移到別處（主要為內陸）。直至2037年，數以千計的人開始移居歐洲及其他地方。

環境

今天值得慶幸的是，經過朱瑟里諾的努力，事情終獲得廣大關注。努力似乎沒有白費，而且不僅獲政府關注，也得到社會的注視。重大的危機迫在眉睫，這是源於預計得到的氣候變化及其帶來的災難後果，如已經歷多次的洪水及乾旱，國際社群尋求減輕環境惡化的影響，以及與自然共存保障下一代福祉的方法。

沒有投資，全球便會面臨「困乏」

朱瑟里諾曾於1971年已警告：「在2023年，全球每三個人，便有一個缺乏水資源。」根據預知夢，朱瑟里諾詳述了發展中國家資源缺乏的問題：「本世紀，全球人口對水資源的消耗比上世紀快三倍。」

按照預言，這個差距帶來最嚴重的後果是，由2034年起，食物價格將會上升，因為人口增長導致生產食物所需的水用量將提升50%。根據朱瑟里諾的預知夢，於2022年末，印度將會成為人口最多的家，超越中國的14億人口。因水資源短缺而受到最大影響的國家包括中國、非洲、日本、南北韓、印度、巴基斯坦、瑞典、丹麥、冰島、芬蘭、英國、德國、葡萄牙、法國、意大利、西班牙、泰國、美國等等。

註：以上圖片只為插圖
來源：lnzyx - Fotolia

缺乏水源的威脅導致糧食生產減少20%。這證明了七成的世界資源用在農產上，水源越來越少，貧窮國家需要選擇將水資源用在灌溉還是日常生活上。

朱瑟里諾評估，導致這景象的數個因素包括全球暖化和發展中國家缺乏管理及投資發展水資源。他警告：「在2037年，100毫升水的價值會等同一桶石油。」我們需要緊急行動，不可停留在理論層面。

根據已去信聯合國的信件，他預警了相關問題及不幸事件，日本也會同樣受災，因為氣候炎熱，氣溫於2023年可超越平均溫度且高達攝氏56度，威脅整個日本人口的生活。缺水是一大問題，加上颶風、颱風及旋風侵襲變得更頻繁。

朱瑟里諾指，水資源缺乏是由不同的因素所導致，包括乾旱、粗暴運用耕作資源及高關稅等，總而言之，是浪費！

巴西、德國、意大利、西班牙、保加利亞、法國、美國、葡萄牙及日本在數方面能成為參考。要扭轉此景象，那些國家需要推出措施以減少碳排放，改善其人民生活質素。但是，我們需要做得更多，如發明更多植樹方法，防止氣候變化。

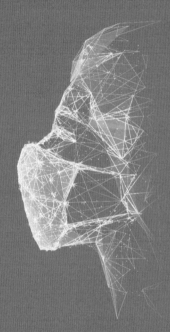

第八節

第八節
馬堡 • 安哥拉疫情 • 非洲

註：以上圖片只為插圖
來源：Journal Adjinakou Benin lassa_3 -
Journal Adjinakou Benin — Africa

朱瑟里諾早於一年前預言……

安哥拉：馬堡疫症在六個月前開始，是全世界疫症最嚴重的地方。

由第一宗個案開始，安哥拉遭受馬堡出血熱糾纏達半年之久，超過200名安哥拉人死亡。

儘管病毒顯然只局限於安哥拉北部的威熱省，但這種流行病似乎尚未結束，仍然是廣大民眾關注的問題。

安哥拉首宗馬堡病毒出血熱發現於2004年10月13日，但是那時沒有人知道這個影響有多深遠，它已被認為是世上最大的流行病。朱瑟里諾預見了所有事發之日期。

事實上，初起的病徵與瘧疾相似，瘧疾在安哥拉是十分普遍的疾病，使醫護專家在爆發首月並未察覺事情的嚴重性。

這也解釋了為何疫症只在三月初兩名威熱省醫院護士死亡後才得大眾注意，引起安哥拉人民熱議。

這種由馬堡病毒引起的疾病的起源直至3月22日才被科學確定，隨後，根據國際實驗室進行的分析，不斷向該國政府發送信件。

不久，來自不同的國際技術及人力資源機構均前往安哥拉，特別前往威熱省以幫助遏止疫情。

美國亞特蘭大的疾病控制中心及無國界醫生合力協助安哥拉政府。

公佈了病毒傳播途徑及防疫方法後，威熱省外沒有新增案例，加上獲得國際專家協助遏止病毒散播，安哥拉人民終於冷靜下來。

但是，疫症的持續成為安哥拉人與居住在該國的外國人交談的主要原因，有關新病例出現的傳聞屢見不鮮，尤其是在羅安達。

目前，所有健康機構紀錄的個案起源都是來自威熱省，即疫症的起源地。但死亡個案亦在馬蘭熱、卡賓達、北廣薩、南廣薩及扎伊爾出現。

為防止疫症傳播，近500人曾接觸病患者的需要跟進。目前為止，沒有人在威熱省外受到感染。

馬堡病毒以綠猴為主要傳播媒介，是一種與伊波拉病毒屬同科的放射狀病毒屬感染，臨床表現為出血熱綜合症，病徵為頭痛、肌肉症狀、高熱、不適、嘔吐、腹瀉和噁心。

病毒透過接觸患者的體液如血液、唾液或精液傳播。

馬堡病毒首次個案於1967年德國城市馬堡被發現，一名實驗室人員在實驗室分析由烏干達送來的綠猴組織時受到感染。
病毒爆發感染了25人，最終7人死亡。

病毒於1975年再次出現於南非，因一名年輕澳洲人在當地受到感染而死於辛巴威。

五年後，肯亞紀錄了一宗死亡個案，一名法國公民探訪非洲埃爾貢山國家公園後受到感染。
1987年，一名年輕丹麥人在八月時感染病毒後死於肯亞國家公園。

馬堡病毒出血熱的第一波於1998年至2000年在剛果民主共和國爆發，154個確診個案當中有128人死亡。
在安哥拉，僅僅六個月，當局錄得約250宗確診個案中，超過200人死亡。

與其他國家錄得的確診個案相比，安哥拉大多數的死亡個案涉及兒童和年輕人，14歲以下兒童佔總死亡人數65%。

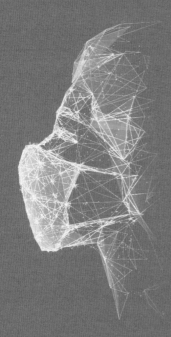
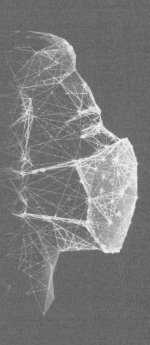

第九節

第九節
下一波潛在威脅：
尼帕病毒 ── 肆虐於2027及2029年

撰寫於：阿瓜斯迪林多亞（巴西，Aguas de Lindoia），2018年2月16日

尼帕病毒 ── 蝙蝠受病毒感染，對亞洲及世界造成極大破壞

大家需要預防另一場疫症來臨。尼帕病毒的死亡率達40-75%，視乎疫症爆發的地區。

2020年1月3日，朱瑟里諾警告一種威脅著中國武漢居民的呼吸道疾病傳到泰國。農曆新年臨近，很多中國人民到鄰近國家旅遊慶祝。泰國政府已小心翼翼的檢測從武漢機場入境的旅客，委派了實驗室和人員來檢測樣本，以處理及控制問題。

位於泰國曼谷的紅十字會健康科學及新興傳染病中心便是其中一所實驗室。

過去十年，朱瑟里諾的預言促使全球致力進行檢測及防止病毒由非人類傳播給人類。所有事情都歸因大量砍伐樹林而起。

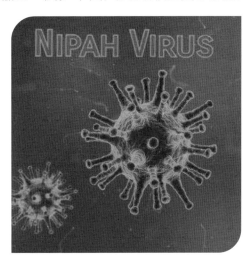

註：以上圖片只為插圖

但是，他們將焦點放在蝙蝠上，因其身上藏有各種冠狀病毒。所

以，預知夢揭示了對此疾病的認識，當時還未被稱作「新冠病毒（COVID-19）」。假以時日，朱瑟里諾預測病毒將會傳播至中國以外的地方。

事實證明，一種不是源自人類的新病毒Sars-Cov-2（導致新冠病毒）與於蝙蝠身上發現的新冠病毒有更密切的關係。儘管泰國有7,000萬人口，於2021年1月3日，泰國將錄得8,955宗新冠病毒確診及65宗死亡個案。
朱瑟里諾早已指出未來疫症爆發的潛在原因以及預早抗疫的措施。

下一波威脅

正當世界在抵抗新冠病毒時，預知夢已提醒人類要為下一波疫症大流行作準備。

亞洲將會出現大量新型傳染病。熱帶地區擁有豐富多樣的物種，這表示有大量潛在病原體的宿主，有利新型病毒的出現。2022年至2029年間因這些地區的人口增加，以及人與野生動物大量接觸而增加傳染風險，導致環境混亂。

這些年來，預言發現了很多源自大量蝙蝠的新型病毒，大部份都是新冠病毒，但還有別的致命疾病變種開始感染人類。
這包括了尼帕病毒（Nipah virus），大多出現於果蝠及其他動物身上，並於2027年至2029年間導致嚴重傷亡。

「最主要的顧慮是此病毒沒有任何治療方法，而且致命率極高。」

感染尼帕病毒的死亡率達45-77%，視乎病毒爆發地點。
無獨有偶，每年都有大量病原體可引致緊急公共衛生事件，因

此，我們必須決定如何優先考慮病毒研究和成立發展資金。我們必須集中應付對人類健康最危險的病毒上，尤其那些具潛在傳播風險且還未有疫苗應對的疾病。

尼帕病毒是十大最危險的病毒之一，並且已經於亞洲地區在人類之間爆發。它一般由動物傳給人類，但同時亦可以直接由人類接觸或進食受污染食物而感染。馬來西亞首次爆發時，大部份患者因為進食了患病的豬隻而受感染。

尼帕病毒有幾個最令人擔憂的原因：潛伏期較長（可長達46日）-當患者還未意識到受感染時，病毒有充足的時間進行傳播。此外，病毒也可感染不同品種的動物，使它能更容易的傳播開去。

某些尼帕病毒感染患者會出現呼吸道病徵，包括咳嗽、喉嚨痛、身體疼痛、疲勞和腦炎，腦腫脹可導致癲癇發作和死亡。這是朱瑟里諾警告人類必需提防病毒擴散的原因。

大量砍伐樹木是引發疫症的主要原因，因而迫使野生動物脫離其居住環境。在2027年至2029年間，世界各地均有疫症傳播的風險。

兩人來自孟加拉及印度。兩個國家也曾爆發尼帕病毒，可能與食用椰棗汁有關。晚上，受感染的蝙蝠飛到椰棗田，舔著從樹上滴下的汁液。當牠們進食時，會在採椰棗汁商所用的器皿上撒尿。居民從路邊購買椰棗汁，翌日便受感染。

孟加拉於2001年至2012年間爆發了11次尼帕病毒，造成198人感染160人死亡。

椰棗汁在柬埔寨也十分受歡迎。柬埔寨果蝠飛得很遠，每晚可飛

行110公里去尋找水果。這表示在那些地區的人不但需要注意居住地方有否經常出現大量蝙蝠，還要注意受蝙蝠所污染的東西。別的高風險情況也被確認了，就是地上積聚及乾涸後的蝙蝠糞。它是柬埔寨及泰國最受歡迎的肥料。

由於鄉村地區較少工作機會，販賣蝙蝠糞可以維持生計。當地人指出，很多地方的居民會吸引蝙蝠在家附近棲息，以便收集及出售其糞便。

但是，很多收集糞便的人都不知道其風險。

「很多居民沒有注意到蝙蝠糞便帶有疾病」。有關這一方面的公眾衛生知識，當地的教育計劃並沒有涵蓋。

環境遭受破壞導致疫症大流行

在人類歷史中，遠離或避免接近蝙蝠是習以為常的事，但隨著人口增長，人類不斷破壞野生環境以滿足不斷增加的資源需求，這便會增加病毒傳播的風險。

「這些病原體的傳播以及其風險會因應土地使用的改變而加劇，例如伐林、城市化以及開拓土地作耕種用途等等。」預言家朱瑟里諾解釋道。

70%的世界人口生活在亞洲及太平洋地區，高速城市化不斷發生。在2000年至2012年間，東亞地區接近2.5億人口遷移至城市生活。

蝙蝠天然的棲息地遭受破壞，過去已曾造成尼帕病毒感染。1998年，馬來西亞爆發尼帕病毒，導致120人死亡。我們可以說，森林大火及乾旱毀壞蝙蝠的棲息地，它們被迫在養豬農場附近的果樹棲息。

根據研究，蝙蝠遭受壓力時會釋放更多病毒。當蝙蝠被迫遷徙及緊密接觸一些較少接觸的物種時，會使病毒由蝙蝠身上走到豬群中，然後再傳染給飼養員。

亞洲佔有了世界19%的熱帶森林，但該地區砍伐樹林數量亦是最多的，漸漸失去品種的多樣性。許多時候，砍伐林木不止為了開墾土地以生產農產品如棕櫚油，還為牲口建造居所及牧場。

果蝠偏好生活在茂密的森林，那裡有很多果樹果腹。當棲息地被破壞，牠們會找出新辦法，例如寄居於屋頂或吳哥窟的塔內。可能因為棲息地已不存在，牠們需要在晚上飛行110公以尋找食物。

保育蝙蝠的重要

宿主：雖然馬堡病毒的天然宿主仍是未知數。但根據多次爆發相關或獨立的流行病實地調查，包括實驗室動物研究，均強調果蝠是馬堡病毒的主要自然宿主。

這些被稱作巨型蝙蝠，即屬於大蝙蝠亞目中的狐蝠科。

巨型蝙蝠或果蝠：屬狐蝠科

但是，目前我們知道蝙蝠身上藏有大量危險病毒，由尼帕到新冠病毒，或伊波拉到沙士病毒，我們應該消滅牠們嗎？不！這只會令事情變得更糟。

蝙蝠扮演非常重要的生態角色，牠們給超過500種植物授以花粉，有助控制昆蟲，為抑制蟲媒類病毒如瘧疾擔當十分重要的角色。

「牠們對保護人類健康扮演極度重要的角色」。屠殺蝙蝠只會助長病毒傳播。當你減少一種動物的數量，便會令其增加繁衍速度，孕育更多幼年蝙蝠，只會令人類更加容易受到影響。

蝙蝠因為棲息地被破壞而被強迫與人類一同生活。

全球效應 —— 有必要付出更多……

為何柬埔寨齊備眾多危險因素，但是還沒有爆發尼帕病毒？是否只是時間問題，或者柬埔寨的果蝠與馬來西亞的不同？是否柬埔寨的病毒與馬來西亞的又有不同？或許，是否人類與蝙蝠的交流模式不同？

由於尼帕病毒是十分危險的，全球的政府曾考慮利用它作生化武器，世界上只有少數實驗室被允許種植和儲存它。

主要危害地球的疫症：
1.黑死病

黑死病由鼠疫耶氏桿菌引致，可以透過受感染的跳蚤及齧齒動物傳播。其病徵包括鼠蹊部（腹股溝）、腋窩或頸部淋巴結腫大，還有發燒、發冷、頭痛、疲倦及肌肉疼痛。

這種疾病於歷史上被認為導致歐洲十四世紀爆發的黑死病，導致7,800萬至2.1億歐亞人死亡。此場疫症可能將世界人口由4.55億削減至3.55億人。

2.天花

此疾病折磨人類超過3,000年。埃及法老、拉美西斯二世、英國女王瑪麗二世和法國國王路易十五也曾染上可怕的天花。正痘、天花病毒透過空氣人傳人，其病徵為發燒、然後喉嚨、口

及面部出疹。幸好，透過大量疫苗接種，天花已在1980年絕跡了。

3. 霍亂

霍亂於1817年首次在全球爆發，造成千上萬的人死亡。自此，霍亂弧菌屬經歷數次變種，導致不時有新的疫症循環發生，也被認為是流行病。

霍亂由進食了受污染的水或食物引致，在不發達國家更加常見。2010年，受霍亂影響最嚴重的地方是海地。巴西已發生數次爆發，主要在東北部貧困地區。2019年，也門超過4萬3千人死於霍亂。根據今天最新的估算，部份日本海域在未來潛藏著爆發的危機。

霍亂的病徵為嚴重腹瀉、抽筋和感到不適。雖然已有疫苗對應霍亂，但不是百分百有效。治療方法多為使用抗生素。
巴西是開發抗蛇毒血清的重要先驅之一。

4. 西班牙流感

相信已有4,500萬至5,500萬人死於1918年爆發的西班牙流感，疫症由亞型流感病毒所致。全球超過四份一人口受到感染。隨後，巴西總統Rodrigues Alves於1919年死於該流感。病毒來自歐洲一艘Demerara的船上。船隻跨越大西洋登陸令在累西腓、薩爾瓦多及里約熱內盧的乘客受到感染。

病毒徵狀與現時的Sars-CoV-2新冠病毒十分相似，也未曾有有效的治療辦法。巴西聖保羅的人民自製一種以卡沙夏、檸檬和蜂蜜製成的藥物。根據卡沙夏研究所的說法，這其實是卡琵莉亞雞尾酒，便是從這所謂的治療配方中演變而成的。

5. 豬流感（H1N1）

H1N1病毒，又稱豬流感，是廿一世紀首現的疫症。病毒於2009年被發現在墨西哥的豬隻身上，然後急速傳染全世界，導致1萬6千人死亡。在該年5月末，巴西發現首宗確診個案。根據衛生部門數據指，至6月末時，已有627人受感染。

病毒透過呼吸到空氣中的飛沫或接觸受污染的表面傳播。其病徵與感冒相似 —— 發燒、咳漱、發冷及身體疼痛。

6. 新冠病毒

新型冠狀毒（COVID-19，目前被稱為SARS-CoV-2）於2019年在中國武漢開始爆發，確診個案不斷上升。首宗個案是在海鮮市場傳播，因那裡有販賣海產的。

報導指受感染的個體曾接觸該處動物的內臟及體液。

隨後，只是數月的時間，病毒已散播至不同國家。直至2020年3月，世界衛生組織宣佈全球疫症大流行已經爆發。

截至2021年1月為止的確診數字：
全球：96,267,473 宗確診個案，2,082,745 人死亡
非洲地區：2,416,834 宗確診個案，56,501 人死亡
美洲地區：42,807,169 宗確診個案，983,878 人死亡
歐洲地區：31,659,231 宗確診個案，695,687 人死亡
東地中海地區：5,461,398 宗確診個案，130,079 人死亡
西太平洋地區：1,325,085 宗確診個案，22,996 人死亡
東南亞地區：12,597,011 宗確診個案，193,591 人死亡

感染新冠病毒後的病徵

新冠病毒最常見的病徵是發燒、疲倦和乾咳。有些病人會經歷疼痛、鼻塞、頭痛、結膜炎、喉嚨發炎、腹瀉、喪失味覺嗅覺、皮膚出現紅疹、手指或腳趾腿色。這些徵狀起初十分溫和並且慢慢出現。有些人確診病毒後病徵並不明顯。

大部份（接近80%）患者在沒需要醫療下康復。六分一受感染人士病情會變得嚴重且呼吸困難。長者及長期病患者如高血壓、心肺問題、糖尿病或癌症等則會增加病情嚴重風險。但是，任何人感染新冠病毒也有可能變成重症。任何年齡如出現發燒或咳嗽伴隨著呼吸困難、胸痛或胸悶、說話或行動困難應立即尋求醫生協助。如情況許可，建議患者先求診，讓其得以轉介至合適的診所。

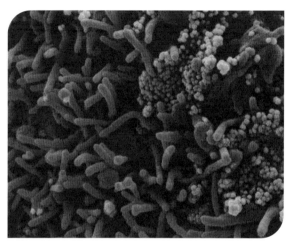

Image captured at the NIAID Integrated Research Facility (IRF) in Fort Detrick, Maryland. Credit: NIAID
照片來源：NIAID在馬里蘭州德特里克堡的IRF

傳播

新冠病毒是人畜共通的傳染病，起始是由動物宿主傳染給人類，如北非果蝠。雖然還未確認這是否唯一相關的物種，但傳播予人類和靈長類的途徑亦未甚清楚，可以透過動物的體液如糞便或氣溶膠，或透過病媒幫助，也可能由皮膚毛孔或接觸黏膜感染。

朱瑟里諾於2019年7月26日寄給日本書籍發行商SOFTBANK的信（1/3頁）

Owls Agency - SOFTBANK - Important book notification!

To the SOFTBANK Editorial Committee and General Directorate

BLDG Ganshodo, 1-7 - Kamda Jibocho Chiyoda-ku - Tokyo - 1010051 - Japan

Águas de Lindóia, July 26, 2019

Subject: Publication of the book COVID19 that will appear strong on December 31, 2019, and preparation of the Japanese people for finally a possible virus, solutions and to avoid many bankruptcies of Japanese companies and combination of some herbs (apparatus) and measures that are effective against Corona virus.

We saw, through this, request the publication of the book Covid19 of my authorship

The importance of important follow-up in health: a literature review, a review article, by an author whose you know and had partnerships in the recent past.

We further declare that:

1. We certify that we participate sufficiently in the authorship of the article to make public our responsibility for the content; and your letters sent;

2. We certify that the article represents an original work and that neither this manuscript, in part or in full, nor any other work with substantially similar content of our authorship, has been published or is being considered for publication in another journal, be it in printed format or electronic;

3. We assume full responsibility for the citations and bibliographic references used in the text, as well as for the ethical aspects that involve the studied subjects; and as a time traveler through dreams;

4. We certify that, if requested, we will provide or cooperate in obtaining and providing data on which the article is based, for review by the editors.

We can also add these subjects below; whose possibility exists and we remember that they are energies of transformation, which can happen as well as can change - regardless of the desire for any physical motivation - we have no control over what can happen or its future changes, however, spiritual messages serve as a compass towards humanity.

What can be added in the Covid Book19:

Strong explosion in a residence in the neighborhood of Mãe Luiza, east side of Natal –Brazil, omens of the Himalayas, Japan and the world.

In Rio Grande do Norte, Brazil, an explosion will leave at least four women dead, one of them a teenager, and an elderly couple injured in the early hours of the day, February 7, 2021, according to premonitory views

*Possibly due to a gas leak. In the explosion, there will be a collapse of the residence and possible cracks in houses close to the accident.

朱瑟里諾於2019年7月26日寄給日本書籍發行商 SOFTBANK的信（2/3頁）

Himalayan glacier rupture causes death in India

Protocollea
26 / 02 / 2019
Jucelino Nobrega Da Luz

Himalayan glacier rupture causes death in India

Around 160 people may die after part of a glacier in the Himalayan mountain range in northern India breaks and will fall into a dam on February 7, 2021

The dam's water will overflow and reach the surrounding villages. People living nearby will have to leave their homes.

Bankruptcies in Japan

According to visions, there will be around 1,000 more cases of pandemic-related company bankruptcies since February 2020

By province, Tokyo will have the largest number, 250 companies that will close their doors in the Japanese capital. Then Osaka and Kanagawa will file 110 and 65 bankruptcies, respectively.

On average, 102 bankruptcies related to the coronavirus pandemic will be registered on average, and with the extension of the state of emergency, individual consumption will fall, and restaurants and service industries will face an even more severe situation. Expectations for the coming months are not optimistic, and we fear that entrepreneurs may give up on continuing business - they are the visions and warnings of premonitory dreams which were published in its first edition of the book "Covid-19" written in 2018, republished in 2019 and 2020.

Shinzo Abe, Prime Minister of Japan, resigned from office on 28. Aug.2020; Elected by the Liberal Democratic Party (PLD), Abe's term will run until September 2021 if he does not resign. And Yoshihide Suga will be the new Prime Minister of Japan on September 16, 2020.

Great Earthquake in Japan will be a 9.0 magnitude earthquake with an epicenter occurring around a major fault that extends from the southwest of the country to near Tokyo in Japan near Kanto, and in the depths of Tokyo between 2021 to the end from 2022

Japan's Prime Minister Abe Shinzo will confirm on March 24, 2020, that he will ask the International Olympic Committee (IOC) to postpone the Tokyo Olympics for one year, which is scheduled for July 24, 2020. The sports authority will accept, and the competition will be postponed to 2021. (which may or may not happen on that date)

An avalanche will kill four skiers and injure four more on February 6, 2021, in the United States.

An avalanche will kill four skiers and wound four more on February 6, 2021, in a popular recreation area, become one of the most deadly avalanches in Utah history, the distress call will come from an avalanche lighthouse in Millcreek Canyon. The avalanche will occur at an altitude of 9,800 feet (2,987 meters). It will have a depth of 2.5 feet (0.7 meters) and a width of 250 feet (76 meters).

Donald Trump will lose US election to Joe Biden in 2020

朱瑟里諾於2019年7月26日寄給日本書籍發行商 SOFTBANK的信（3/3頁）

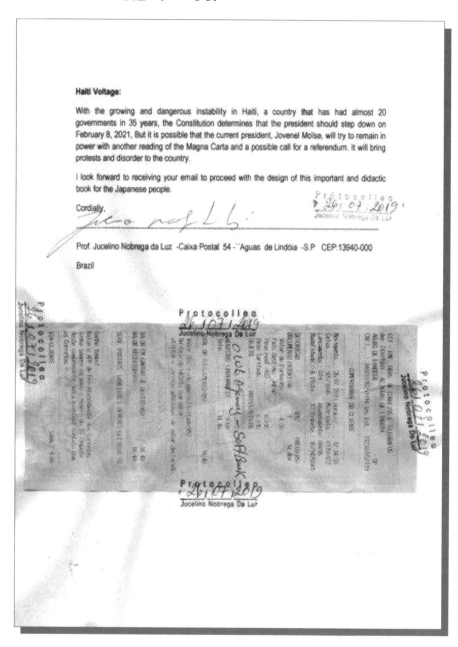

Haiti Voltage:

With the growing and dangerous instability in Haiti, a country that has had almost 20 governments in 35 years, the Constitution determines that the president should step down on February 8, 2021, But it is possible that the current president, Jovenel Moïse, will try to remain in power with another reading of the Magna Carta and a possible call for a referendum. It will bring protests and disorder to the country.

I look forward to receiving your email to proceed with the design of this important and didactic book for the Japanese people.

Cordially,

Prof. Jucelino Nobrega da Luz -Caixa Postal 54 - Aguas de Lindóia -S.P CEP:13940-000

Brazil

雖然已知道馬堡病毒（MARV）可感染人類，但是，目前還未有報告指出病毒源頭是來自實驗室以外的靈長類動物。因此，在實驗室以外傳播給人類的途徑全是假想情況。以目前所知，靈長類如人類只是較易感染MARV，因他們沒有足夠能力產生抗體，最終敗於病毒之下。

當與病毒的核糖核酸（RNA）接觸時，就會發生這種病毒的傳播，因此，所有病毒複製的結構及流液有可能是感染的源頭。人與人之間的橫向傳染則是透過直接接觸受感染基因的組織或體液如血液、嘔吐物、尿液、糞便、汗水、母乳、唾液、呼吸分泌物及精液。皮膚亦可以是感染源頭，因為在皮膚抹片中發現病毒物質。患者死亡後，病毒殘留在屍體內，增加感染途徑。而所有接觸屍體的人也有感染風險，引申多一類感染的途徑。但是，在感染的潛伏期內，病毒是不可能被傳播的。

因黏膜暴露而受感染的還未經測試證明，但靈長類動物經氣溶膠感染的已被科學證實了。

缺乏效率、猶疑、每天出現不同問題
給全球人類及其政府的公開信

在阿瓜斯迪林多亞，撰寫於 2015年11月15日

藥廠每年也會生產對抗其所預測下一季流感病毒的疫苗。在特殊情況下，未來將會發現新冠病毒（COVID-19），這組群是一個簡單的正鏈RNA基因組病毒（直接由蛋白合成），於1960年代中已被認知。他們屬於網巢病毒目的冠狀病毒科的正冠狀病毒亞科。我們將不會看見實驗室及各地政府對未來的冠狀病毒富貢獻精神。這一切的真正目的是為了什麼？全世界的行政及經濟將於2019年至2023年崩潰，可能就是因為這個原因。

事實上，於2019年12月31日爆發的新型冠狀病毒，其死亡率不會超過13%。而全球引發死亡的原因在於患者的疾病史，因此被稱為「新冠連環殺手」。這也會引致全球經濟混亂，人們會感到恐懼，不能外出而失去工作。這種極權的手段，利用疫情獲取利益，對人類毫無益處，當然是不能接受！疫苗的影響被隱瞞了，2020年至2027年間將會導致更多人死亡。為何？

新冠病毒的疑似個案（很多可能由於其現有的疾病史引起）將會在全球大幅增加，以待神奇的疫苗面世，以及無數的封城。

海嘯（巨浪）及菌珠，根據科學家的資料，那些受聘的公司、實驗室、各地政府官員都堅持著人們留在家裡，理由是避免病毒散播。所有人都知道，要控制疫情，只需做以下事項：
Ⅰ）　隔離受感染患者
Ⅱ）　讓小朋友及長者（特別是有長期病患的）留在家裡
Ⅲ）加強衞生教育及清潔高危環境
Ⅳ）每種病毒均需要環境及宿主才能繁殖

另一邊廂，我們知道疫苗的效用會因年月而改變，在其他因素之下，流行病毒會於疫苗生產及流感季節之間變種。多年來，流感疫苗普遍有50%效用，但在2015年，英國的研究報告只錄得3%效用。因此，疫苗面世只得八個月，我們會對其作用產生懷疑，令全球人口的安全感到憂慮。

在2017年，澳洲流感季節期間，流感疫苗因H3N2變種而只得10%效用，證實了病毒對疫苗有抵抗力。而我們要面臨應付"新一波"及"新變種"的新冠疫苗，未來又會發生什麼事呢？

為了得到更好的答案，某些來自美國德薩斯州的科學家以及Biomed Protection公司於早於兩年前公佈這項預測，表示了未來

預測流感疫苗的有效程度是可能的，最後能避免花費在政府和未能獲得保護的家庭上。根據他們的研究，科研人員預測H3N2變種會對疫苗有抵抗力，而此預測於2017年澳洲流感季節被確認了。

「監察澳洲每年的流感季節是十分重要的，因為下一個在美國、亞洲及歐洲的流感季節與其相似或更糟。」朱瑟里諾表示。當流感及新冠病毒的疫苗在澳洲未能湊效，而某些國家如美國、歐洲等官方醫療機構正為2019年潛在的、嚴重的流感季節作準備，還有在2025年至2026年間有機會爆發馬堡病毒出血熱。

世界難以變得美好。

目前我們要用相同的生物信息學平台來預計流感疫苗於2017年7月至9月對H3N2分別於美國、澳洲及全世界的有效程度，還有未來其他來自亞洲的疫症。

結果顯示，下一批疫苗的效果不會像2018年美國及2017年澳洲流感季節般強差人意，但是數字上仍不甚鼓舞。

在澳洲，有兩個傳播H3N2病毒的群組，疫苗的研發只用來對付那少數群組而非大部分的病毒。在美國，疫苗應該被認為對大部份傳播的H3N2流感病毒有效。不幸的，這期望卻不輕易達到。

但是，這情況將會改變。當一種少數類別的病毒成為主流而疫苗沒有覆蓋的話，就可能轉變成為2019年、2025年至2029年的新冠病毒及其他兩種致命病毒。因此，朱瑟里諾提議密切監察H3N2流感病毒的演變，以及2018年至2029年於美國、亞洲及歐洲新冠病毒與流感季節的關連，這是十分重要的。

最大遺憾是導致全球太多無辜的人在不必要的情況下死亡。由於對生命缺乏愛和尊重，尤其是因為對權力的慾望、自我和滿足自己對金錢的貪婪那種邪惡心態建立在別人的不幸之上。

再者，低效的流感疫苗與病毒在疫苗生產期間變種是有關連的。疫苗在病毒變種的影響下已被證實只能對付小病毒群而非大病毒群，故令疫苗效率降低，也增加了疫苗對人類帶來的風險。最後，對於2019年及2021年建議緊急使用疫苗時，有關當局應付出更多努力及責任感。因為疫苗本身可能比病毒更致命。

朱瑟里諾總結道：「利用病毒引起全球人口懼怕及恐慌，以出售疫苗、侵吞公共資源、洗黑錢、欺詐投標等等而獲得天文數字的利潤，打開了人民為求真相、真理而反抗他們領袖的大門。」

朱瑟里諾於2011年9月6日寄給各國政府的信

7   Continuing with item 1, at the front of this letter, it is not only in 2017, because every year, pharmaceutical companies produce vaccines against influenza viruses that they predict will be dominant during the next flu season. In the specific case of the then, future COVID19, this coronavirus is a group of simple positive-sense RNA genome viruses (used directly for protein synthesis), known since the mid-1960s. They belong to the taxonomic subfamily Orthocoronavirinae of the family Coronaviridae, of the order Nidovirales, we will never see as much dedication as will be given by laboratories and government in the world to the future Coronavirus, what will be the real intention of all this? - The administrative and economic world is breaking down, as well as it will be broken in 2019 to 2023. It may be for this reason.

In fact, the mortality from the possible new Covid19, from December 31, 2019, will not reach more than 13% and what will happen worldwide, will dedicate and direct deaths by other existing disease histories, which will be known as a serial killer Covid19! Which will also lead to "Economic chaos" on the planet, which plans will it favor to whom? Can the people who will be panicked and scared, without a job, unable to leave their homes, this dictatorial scheme, whose process is being created by singular interests, not in favor of humanity? - Of course not ! And the effects of the vaccine that will be hidden, could cause many deaths between 2020 and 2027 - why?

Cases of suspected coronavirus (many will be from existing disease histories for each individual) will increase greatly in the world waiting for the miracle vaccine and will create many lockdowns; tsunamis (waves) and strains - using the source of scientists - those hired by companies, laboratories, employees of government officials in the world, to increasingly hold people in their homes, on the grounds that the virus will be more transmissible. Everyone knows that to control a possible virus, just do the following:

a) Separate the contaminated:

b) Keeping children and the elderly (especially patients with a history of other risk diseases) safe in their homes;

c) Education in hygiene and cleaning of risky environments.

d) Every virus needs to proliferate an environment and a host

The countries most affected by the possible Covid19   (and Financial economy collapse) between 2019 and 2021 will be: - United States United States, India, Brazil, Russia, United Kingdom, France, Spain, Italy, Turkey Germany, Colombia, Argentina, Mexico and Poland.

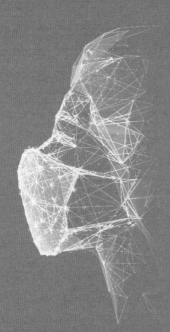

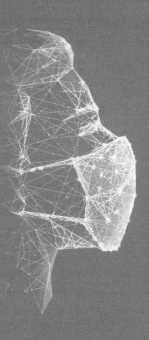

第十節

第十節
馬堡病毒：潛在爆發期於2025-26年

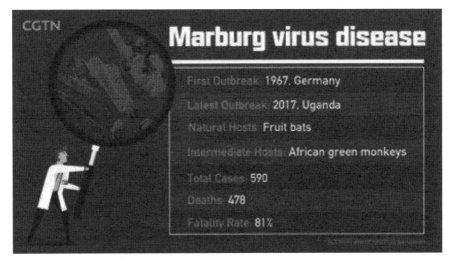

註：以上圖片只為插圖
來源：Facts on Marburg virus disease. /CGTN Graphic by Liu Shaozhen

目前的爆發

安哥拉是目前承受最大型馬堡出血熱病毒爆發的地方。源頭於2004年在北部省份威熱。病毒爆發以來一直到2005年3月才被診斷為馬堡病毒。這時候確診個案已出現於全國50%省份（詳請見世衛報告www.who.int）。執筆之時，已知的死亡率達90%。但是，在貧窮國家展開流行病偵查有一定困難，很多不嚴重的個案根本未能辨識。

馬堡歷史

馬堡病毒初始於1967年德國馬堡被發現，當時多個實驗室人員在馬堡、法蘭克福及貝爾格萊德實驗室處理烏干達送來的非洲綠猴。共出現25宗確診個案，6宗二次傳染個案，死亡率達23%。然後，過去30年有3次小型爆發，每次均由一名外國遊客前往非洲，所以二度傳染機會有限。唯一一次於1998年發生的大型爆發是在剛果民主共和國德爾班的金礦附近。兩年以來出現141宗確診個案，而死亡率達83%。這次疫情引進了數種不同的病毒，而病毒帶有少許不同的菌株造成。按從前爆發總計，共有178宗馬堡確診個案。目前的流行病受害者大約是以往所有疫情總和的兩倍。

馬堡病毒

馬堡出血熱是由絲狀病毒科馬堡病毒屬引起的，也同屬伊波拉病毒科。這是只有七個基因的單鏈負RNA病毒。絲狀病毒顧名思義病毒在電子顯微鏡下呈絲的形態。為了生物防範政策及計劃，絲狀病毒與其他致命病毒歸為同一類，而各種病毒均導致發燒及出血等病徵。因此，這些病毒統稱為出血熱（VHF），屬甲類生化武器清單。該類病毒已被證實能透過氣溶膠傳播。雖然已經在幾種靈長類和蝙蝠身上發現了馬堡病毒，但該病毒的天然宿主仍然是個謎。

臨床表徵

馬堡病毒引致的疾病頗為嚴重。於發病早期，實在難以與中非地區流行的疾病區分，如瘧疾。潛伏期後一星期，病人會出現發燒、嘔吐、嚴重腹瀉及紅疹等症狀。而黃疸及胰腺炎等病徵也很常見，可導致病人昏迷不醒。情況較溫和的個案，病人會出現結膜出血及瘀傷，直至完全康復。如果是致命個案的話，全面的廣

泛性血管內凝固伴隨出現擴散性出血。敗血性休克加上心血管破裂及多個器官衰竭也是常見的。病徵出現後七至十日內患者便會死亡。

病理生理學

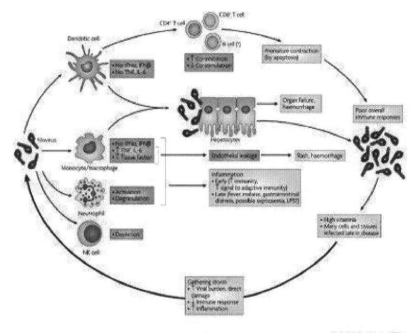

上述圖片刊登於Nature Reviews Immunology 7, 556-567（2007年7月）展示馬堡病毒的主要特點

當病毒進入人體時，會透過皮膚的毛孔或黏膜進入。病毒感染樹突狀細胞及巨噬細胞，然後將其帶到淋巴結。從那裡，病毒開始複製且進入血液中，導致病毒感染其他器官，造成廣泛組織肌肉壞死。受感染巨噬細胞會在其表面釋放組織因子，觸發廣泛性血管內凝固，而期間所釋放的細胞激素及催化因子，會導致敗血性休克。同時，先天及後天的免疫反應將被壓抑。

診斷及治療

如患者出現上述的臨床表徵，並且確認與馬堡或伊波拉地區具流行病學關聯或是此病症的異常病例，即使該地區沒有爆發疫症，也該當作絲狀病毒感染。典型實驗室研究結果顯示，白血球減少症及淋巴球減少症伴有廣泛性血管內凝固及轉胺酶升高的證據。已被確認的診斷方法是在臨床時間需要反轉錄聚合酶鏈反應（RT-PCR）或酵素結合免疫吸附分析法（ELISA），這只適用於國家實驗室及必需咨詢健康部門的專家才能使用。臨床標本必須被定為高度傳染性，需謹慎處理，同時必須預先通報實驗室稱即將處理病毒性出血熱（VHF）。

馬堡病毒（MARV）首次於1967年8月出現，當時在馬堡、法蘭克福、德國及貝爾格萊德、南斯拉夫（今為塞爾維亞）實驗室人員受不知名的媒介感染。31名病人（25宗屬直接感染、6宗屬二次感染）發展為嚴重疾病，當中7名患者死亡。另一顯示病徵是回顧性診斷。追溯感染源頭來自非洲綠猴（Chlorocebus aethiops），由非洲烏干達運往三所實驗室。首次感染確定發生於為檢驗猴子屍體時，摘取腎臟細胞以培植脊髓灰白質炎疫苗菌株時傳染。在少於三個月時間，病原體被分離、定性和由馬堡及漢堡的科學家聯手認證，後來由Kunz及Kissling其同儕確認。病原體以發現最多個案的城市馬堡命名，而且是絲狀病毒首次被隔離的地方。一項發表在《柳葉刀》的研究錯誤地聲稱這種神秘疾病是由立克次體或衣原體引起的，它常被引用為關於馬堡病毒病（MVD）病原體的第一份報告 。

直到1976年，人類才對首次於非洲出現的伊波拉病毒家族有更多的認知。馬堡病毒及伊波拉病毒迅速地被歸類在一起成為新的絲狀病毒家族，並以其獨特的線狀結構命名。（Filum在拉丁文中指線）

馬堡病毒八年來一直消聲匿跡，直至一名年輕的澳洲人探訪辛巴威後被送到南非約翰內斯堡醫院，出現的病徵令人聯想起於1967年在歐洲爆發的病毒。這名澳洲人其後死亡並傳染其旅遊同伴，然後再傳染給護士。於最嚴格的屏障護理技術和隔離患者及其密切接觸者措施下，賴薩熱（Lassa fever）是初步懷疑的結果。這樣使疫症迅速地受控，而二度感染者康復時，馬堡病毒被確認為染病的病原體。然後由1975年至1985年，在非洲大陸感染馬堡病毒只有零星爆發（列表1，圖1a）。相比起死亡率達90%的伊波拉病毒，馬堡病毒死亡人數及伴隨著微血管減壓顯微手術的個案都較低，所以被認為威脅較小（列表1）。但是，隨著馬堡病毒兩次於1998年至2000年於剛果共和國爆發、2004年至2005年安哥拉首次爆發，共錄得406宗個案，當中剛果死亡率達83%，而安哥拉死亡率則達90%，屬高死亡率，這顯示了馬堡病毒有如伊波拉病毒般對公眾健康構成威脅。

這兩次爆發與當年1967年首次爆發相比，存在很多複雜的變數，包括醫療水平及普及程度、感染劑量及感染途徑、不同的宿主感染差異（視乎免疫力及營養情況）及遺傳學，遺傳不同的死亡異變毒力以及合併感染的流行率（特別在非洲撒哈拉以南的瘧疾及愛滋病人身上）。安哥拉的馬堡病毒被估算為天生比其他馬堡病毒變種更具毒性，研究根據非人類靈長類感染研究，但亦有爭議。安哥拉分離株的基因組在核苷酸水平上與大多數東非MARV分離株（包括1967年的分離株）相差約7%。迄今為止，沒有證據顯示遺傳差異會導致對人類更致命的毒力。

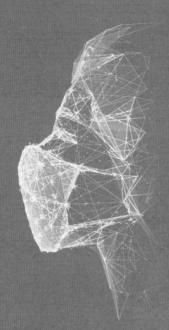
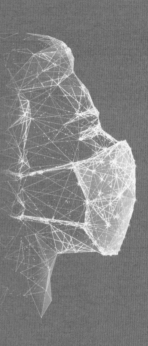

第十一節

第十一節
最終定案

馬堡病毒出血熱是於1967年被形容為致命的疾病,但還沒有一個全面展開生理病學研究以了解其傳播及人類個案中的異質性。然而,它們之間卻有著相似的地方。

儘管某些國家盛行絲狀病毒,但是世界各地來探險及旅遊的人十分普遍,這將令他們感染新病毒,繼而傳染到其他國家。健康專家害怕馬堡病毒變種並適應新的棲息環境,以便緊貼臨床及病理生理學的疾病情況。對於醫學團隊來說是十分重要的,特別是在前線處理緊急病患的醫護人員。他們已準備好對這些疾病的管理及診斷方法,以規劃應對疑似病例的計劃策略、材料及人力資源。

世界上收容病患者的住院機構都必須做好準備以應對可能出現的異常疾病和病例。

馬堡出血熱的病理生理學方面

影響馬堡病毒的嚴重程度主要有三大因素:(Ⅰ)快速病毒複製,(Ⅱ)病毒抑制宿主的免疫能力和(Ⅲ)血管功能異常。病毒的殺傷力通常因著血容量下降而導致猛烈的休克,這是由於血管穿透性增加、低血壓、凝血和出血趨勢所引致。

馬堡病毒的主要目標是吞噬系統中的單核細胞,如巨噬細胞。同

時也影響樹突細胞，只有少數防禦細胞倖免，例如淋巴細胞。一旦被入侵的病毒激活，這些細胞就會開始釋放炎症介質，在疾病的最後階段達至高峰值，其中一些是英國腫瘤壞死因子-α的TNFα（腫瘤壞死因子 -α），IFN-γ（干擾素 -y）和 IL（白細胞介素）-1β、IL-10、IL-1 抗拮劑受體，主要是 IL-6。

這感染馬堡病毒後釋放的發炎介質已被證實與調節絲狀病毒感染結果有關，而重要致病因素為其攻擊先天免疫系統和破壞內皮屏障功能的能力。內皮細胞，透過細胞間的黏附，控制組織血管及間質媒體內的溶質及體液的交換，調節間質連接的厚度。當炎症發生時，細胞間的黏連會逐漸消失，增加了血管穿透性，血管滲漏水份、液體及巨分子，嚴重的會導致水腫。制止因馬堡病毒影響的內皮功能尤其重要，因為滲漏液體導致病毒蔓延，擾亂先天免疫系統的反應。

病毒進入免疫系統後，傾向進入不屬於淋巴系統的特別細胞，如皮質腎上腺細胞、纖維母細胞及內皮細胞。但淋巴組織也同時承受病毒帶來明顯的傷害，淋巴球破壞通常見於脾臟，而淋巴結受感染會於較後期發生。

什麼使病毒對特定細胞類型具有親和力是與糖蛋白（C型凝集素）有關，它會化身成身體某些細胞來助長病毒感染。肝細胞特別是化身成一種C型凝集素，即去唾液酸糖蛋白的受體，它對馬爾堡病毒糖蛋白的N末端部分具有親和力，促進病毒進入。

因此，肝臟成為病毒攻擊的目標器官，但是淋巴器官如脾臟，也是主要被認為傳播疾病的器官。許多患者除了肝酵素上升外，還會引發肝核壞死。凝血功能障礙也是這些患者的另一個病徵，其中32%至54%的患者有明顯的出血，可以出現於牙齦、鼻子、咳嗽或嘔吐等類型的出血。45%的患者出現出血跡象。

未來的新病例

當病者進入醫院時，未能確認病者是否帶有馬堡病毒或有否接觸過受感染組織，病者有可能在病發中的任何一個階段。專業團隊曝露於病毒中，建議替病人檢測時使用標準的防疫程序，以界定病人是疑似個案甚至乎是確診個案。當然，後者必須透過實驗室測試才能做到。

以下是為疑似馬堡病毒的病人進行急救時的標準程序建議：
- 接觸病人的任何時候均需戴上手套，每個程序完成後必須更換。
- 照顧病人後必須立即使用肥皂或梘液洗手。
- 當遇上有飛沫散播或接觸病者體液時該配戴口罩、防水保護衣及護目鏡。
- 經常清潔醫護接觸的範圍如病床、枕頭、測驗桌及床頭板。
- 將病人移至隔離病房（世界衛生組織及疾病預防中心2004）。

建議使用高效空氣過濾口罩（HEPA - High Efficiency Particulate Air Respirator）如FFP2及N95。疾病初期，病者如有咳漱徵狀，避免接觸病者在空氣中散播的空氣微粒，使用高效口罩可減低呼吸道感染的風險。（世界衛生組織2008；CDC，2004）

當疑似馬堡病毒的個案上升，必須啟動隔離措施，包括通知醫院流行病學服務及醫院感染控制委員會（CCIH）進行協作。

隔離

隔離措施必須按照提供護理的醫院服務的規定執行。我們擁有傳染病研究所，必須使用隔離措施以控制疾病傳播，特別是可能導致院內爆發的傳染病。（州衛生秘書處的預防措施及隔離建議手冊）

每間隔離病房以不同顏色標示，包括所需的個人防護裝備。醫療團隊每日釐定隔離病房的種類，而護士團隊則負責管理在病房門的標示。每張卡會有三種類別：

- **標準預防措施：** 所有服務均需遵守
  病人存在接觸血液、體液、分泌物及排泄物（不包括汗水）的風險；皮膚有溶液黏膜。
- **特別預防措施：** 針對臨床情況、特殊條件和微生物。此預防措施是基於疾病傳播機制，及為疑似或確診感染或被植入具有重大流行病學的傳染性病原體而設計。主要基於三種傳播途徑：身體接觸、空氣飛沫和氣溶膠傳播。
- **實驗室式預防措施：** 需使用於重大流行病學臨床徵狀，而還未曾確定的病因。

病人無論確診馬堡病毒與否，即使是懷疑個案，也必須被送往獨立房間。除非病人持續咳嗽、嘔吐、嚴重腹瀉及出血，否則無需使用負壓病房。

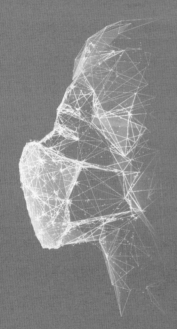

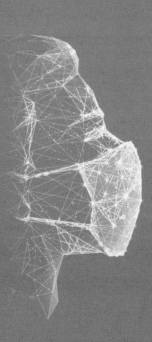

第十二節

第十二節
給世界各當權者的信件

巴西預言家 ── 朱瑟里諾

朱瑟里諾於2021年1月25日寄給世界各國政府的信件 —— 西班牙馬德里市長（1/2頁）

Ayuntamiento de Madrid

Estimado señor alcalde, José Luis Martinez-Almeida

CALLE MONTALBAN, 1 PLANTA 4 28014 MADRID - España

Protocolleo
"25|01 |2021
Jucelino Nobrega De Luz

Águas de Lindóia, 25 de enero de 2021

Vengo muy respetuosamente, para traerles esta tercera carta, entre los correos ya enviados, com información sobre la posibilidad de dos nuevos virus, lamentablemente uno de ellos, se iniciará en su país, por lo que les pido su atención e investigación para evitar este gran problema entre el 2025 y el 2026. que los buenos espíritus sólo atienden a quienes sirven a Dios con humildad y desinterés y que repudian a todo aquel que busca en el camino del Cielo un paso para conquistar las cosas de la tierra; que se alejan de los orgullosos y ambiciosos. En una carta enviada a China en 2018, les hablé del virus Covid19.

Mensaje espiritual:

1. Mucha gente inocente en **Madrid - España** y **Serbia** posiblemente morirá de una enfermedad extremadamente rara y mortal causada por el brote del virus de Marburgo y puede ser una epidemia en 2025 El virus de Marburgo está relacionado con otro virus notorio, el virus del Ébola, según los sueños de Jucelino Luz. Ambos virus son miembros de la familia de los "filovirus" y tienen altas tasas de mortalidad. La tasa de mortalidad por la enfermedad causada por el virus de Marburg puede llegar al 88 por ciento. El virus de Marburgo se transmite a las personas a partir de un tipo de murciélago frugívoro llamado Rousettus aegyptiacus, o el murciélago frugívoro egipcio, disse las vistas premonitórias.. Sin embargo, una vez que un ser humano está infectado, el virus puede transmitirse a otros humanos a través del contacto directo con fluidos corporales o al entrar en contacto con superficies y materiales que han sido contaminados con estos fluidos. [Los 9 virus más mortíferos de la Tierra]. La cantidad de tiempo que tardan en aparecer los síntomas después de que una persona se infecta con el virus, conocido como periodo de incubación, puede variar de dos a 21 días, dice Jucelino Luz. Pero cuando los síntomas comienzan, comienzan abruptamente y pueden incluir dolores y molestias musculares. Aproximadamente tres días después de que comienzan los síntomas, una persona puede desarrollar síntomas gastrointestinales, que incluyen náuseas, vómitos y diarrea intensa que pueden persistir durante una semana. Jucelino Luz describe a los pacientes en esta fase de la infección como "fantasmales", con rasgos dibujados, ojos hundidos, rostros inexpresivos y letargo extremo. Al igual que el virus del Ébola, el virus de Marburgo causa una afección llamada fiebre hemorrágica grave, que incluye síntomas como fiebre alta y disfunción de los vasos sanguíneos del cuerpo, lo que puede provocar un sangrado profuso. Estos síntomas hemorrágicos suelen comenzar entre cinco y siete días después de la aparición de los síntomas, según las vistas premonitorias. Se puede encontrar sangre en el vómito y las heces, y los pacientes también pueden sangrar por la nariz, las encías y, en el caso de las mujeres, la vagina. Sangrar en los sitios de inyección durante el tratamiento médico puede ser "particularmente problemático", según su consejo espiritual. El virus también puede causar problemas en el sistema nervioso central, generando confusión, irritabilidad y agresión, y estará apareciendo en 2025 en España -Madrid y Serbia, dependiendo de su desarrollo puede convertirse en pandemia

朱瑟里諾於2021年1月25日寄給世界各國政府的信件
—— 西班牙馬德里市長（2/2頁）

en 2026- Y puede matar a miles o millones de personas inocentes en toda Europa y el mundo entero si los gobernadores de esos países no hacen nada para evitarlo (para dejarlo) En casos fatales, la muerte ocurre entre ocho y nueve días después de que comienzan los síntomas, generalmente debido a graves pérdida de sangre y conmoción, según la orientación espiritual de Jucelino Luz;

2. La vacuna Covid 19 puede matar a más personas inocentes que el propio virus entre 2021 y 2022; por lo tanto, recomendamos una encuesta de más de 2 años, antes de que se lance la vacuna (con evidencia científica comprobada). Y las muertes pueden comenzar en Brasil, Estados Unidos, Inglaterra, China, Japón, Alemania, Francia, España, Italia, Argentina y así seguir extendiéndose a otros países ...;

3. Nipah: el virus que infecta a los murciélagos y podría causar grandes daños a Asia y el mundo Incluso se puede intentar evitar que ocurra otra pandemia. La tasa de muerte de Nipah varía del 40% al 75% de los infectados, dependiendo de dónde ocurra el brote. El 3 de enero de 2020, se hicieron advertencias y noticias de mis sueños premonitorios de que algún tipo de enfermedad respiratoria estaba afectando a personas en Wuhan, China, llegaron a Tailandia. Con la llegada del Año Nuevo Lunar, muchos turistas chinos se dirigían al país vecino para celebrar. Con cautela, el gobierno tailandés comenzó a examinar a los pasajeros que llegaban de Wuhan en el aeropuerto, y se eligieron laboratorios seleccionados para procesar las muestras y tratar de detectar el problema. La próxima amenaza del virus Nipah entre 2027 y 2029 (poderá começar no Vietnã, Camboja, Tailândia .Malasia, Bangladesh e India) de esta manera puede extenderse muy rápido al mundo.

Espero estar equivocado, sin embargo, eso es lo que noté en mi santo mensaje. Les pido que presten atención y tomen las medidas necesarias para proteger a la población e investigar para contener la aparición y proliferación de virus en su país.

Cordialmente,

Prof. Jucelino Nobrega da Luz –Caixa Postal 54 –Águas de Lindóia –S.P CEP: 13940-000-
Brasil

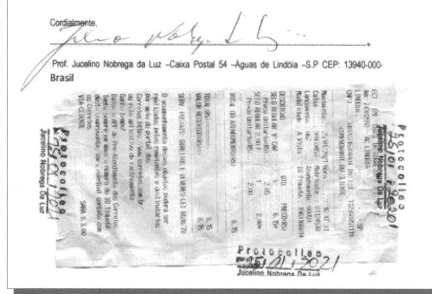

於2021年1月25日寄給塞爾維亞貝爾格萊德市長的信（1/2頁）

Град Београд - Секретаријат за информације

Краљице Марије 1 / КСИ, 11000 Београд, Србија

Mayor of Belgrade - Градоначелник Београда **Зоран Радојичић**

Gradonačelnik Beograda

Protocollee
25.01.2021
Jucelino Nobrega Da Luz

Агуас де Линдоиа, 25. јануара 2021

Долазим са поштовањем, да вам доставим ово треће писмо, међу већ посланим е-порукама, са информацијама о могућности два нова вируса, нажалост један од њих ће почети у вашој земљи, па вас молим за пажњу и истраживање како бисте избегли ово сјајно проблем између 2025. и 2026. да добри духови присуствују само онима који служе Богу с понизношћу и несебичношћу и да одричу свакога ко тражи корак на путу ка Небу да би победио земаљске ствари; који се окрећу од поносних и амбициозних. У писму упућеном Кини 2018. године рекао сам вам о вирусу Цовид19.

Духовна порука:

1. Многи невини људи у Мадриду - Шпанија и Србија ће вероватно умрети од изузетно ретке и смртоносне болести изазване избијањем вируса Марбург и можда ће бити епидемија 2025. године. Вирус Марбург повезан је са још једним злогласним вирусом, вирусом еболе , према сновима Јуцелина Луза. Оба вируса су чланови породице „филовирус" и имају високу стопу смртности. Стопа смртности од болести изазване вирусом Марбург може бити чак 88 процената. Вирус Марбург преноси се људима из врсте воћних слепих мишева званих Роусеттус аегиптиацус или египатских воћних слепих мишева, према прелиминарним погледима. Међутим, када се човек зарази, вирус се може пренети на друге људи директним контактом са телесним течностима или контактом са површинама и материјалима који су контаминирани тим течностима. [9 најсмртоноснијих вируса на Земљи]. Време потребно да се симптоми појаве након што је особа заражена вирусом, познато као период инкубације, може бити од два до 21 дан, каже Јуцелино Луз. Али када симптоми започну, нагло почињу и могу укључивати болове у мишићима. Отприлике три дана након што симптоми почну, особа може развити гастроинтестиналне симптоме, укључујући мучнину, повраћање и тешку дијареју која може трајати недељу дана. Јуцелино Луз описује пацијенте у овој фази инфекције као „сабласне", цртаних црта лица, удубљених очију, празних лица и крајње летаргије. Попут вируса еболе, вирус Марбург изазива стање које се назива тешка хеморагична грозница, што укључује симптоме као што су висока температура и дисфункција крвних судова тела, што може довести до обилних крварења. Ови симптоми крварења обично почињу између пет и седам дана након појаве симптома, у зависности од прелиминарних ставова. Крв се може наћи у повраћању и столици, а пацијенти могу крварити и из носа, десни и, у случају жена, вагине. Према његовим духовним саветима, крварење на местима убризгавања током лечења може бити „посебно проблематично". Вирус такође може да изазове проблеме у централном нервном систему, генеришући конфузију, раздражљивост и агресију, а појавит ће се 2025. године у Шпанији - Мадриду и Србији, у зависности од свог развоја може постати пандемија 2026. - И може убити хиљаде или

於2021年1月25日寄給塞爾維亞貝爾格萊德市長的信 (2/2頁)

милионе невини људи широм Европе и целог света ако гувернери тих земаља не учине ништа да то спрече (да то зауставе) У фаталним случајевима смрт наступи између осам и девет дана од почетка симптома, обично услед великог губитка крви и шок, према духовној оријентацији Јуцелина Луза;

2. Вакцина Цовид 19 може да убије више невиних људи од самог вируса између 2021. и 2022. године; стога препоручујемо анкету дужу од две године пре пуштања вакцине (са доказаним научним доказима). А смрт може почети у Бразилу, Сједињеним Државама, Енглеској, Кини, Јапану, Немачкој, Француској, Шпанији, Италији, Аргентини и тако наставити да се шири у друге земље ...;

3. Нипах: вирус који заражава слепе мишеве и могао би да нанесе велику штету Азији и свету Можете чак покушати да спречите да се догоди још једна пандемија. Нипах-ова стопа смртности креће се од 40% до 75% заражених, у зависности од места избијања епидемије. 3. јануара 2020. на Тајланд су стигла упозорења и вести о мојим прелиминарним сновима да је нека врста респираторних болести погађала људе у кинеском Вухану. Доласком лунарне Нове године, многи кинески туристи упутили су се у суседну земљу да прославе. Тајландска влада је опрезно започела преглед путника који су стизали из Вухана на аеродром, а одабране су лабораторије које ће обрадити узорке и покушати открити проблем. Следећа претња вирусом Нипах између 2027. и 2029. године (моћи ће доћи у Вијетнаму, Камбоци, Тајландији. Малезији, Бангладешу и Индији) на овај начин може се врло брзо проширити светом.

Надам се да грешим, међутим, то сам приметио у својој светој поруци. Молим вас да обратите пажњу и предузмете потребне мере да заштитите становиштво и истражите како бисте зауставили појаву и ширење вируса у вашој земљи.

Срдачно,

Проф. Јуцелино Нобрега да Луз -Цаика Постал 54 -Агуас де Линдона -С.П ЦЕП: 13940-000- Бразил

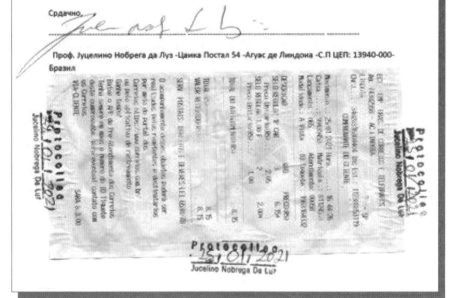

上述寄給西班牙及塞爾維亞政府的翻譯如下：

主旨：新的疫症正來臨

我懷著敬意，第三次前來告訴閣下有關即將來臨的兩種新病毒，不幸的，其中一種病毒會由你所在的國家開始爆發。因此，我希望你注意並著手研究去避免2025年至2026年即將發生的災難。謹記聖靈只會協助謙遜侍奉神並遠離驕傲及野心的人，而對在天堂路上試圖征服地上一切的人則漠不關心。於2018年，在我寄往中國信件中，已告訴他們有關新冠肺炎……

1. 西班牙的馬德里及塞爾維亞將有無辜的群眾死於極度罕有及致命的疾病。該疾病由馬堡病毒引起，並可能於2025年爆發疫情。馬堡病毒與別個臭名遠播的病毒有關，就是伊波拉病毒。這是我從預知夢得知的。兩種病毒同屬「絲狀病毒屬」，致命率高。夢境揭示馬堡病毒的死亡率可高達88%。馬堡病毒是由一種非洲果蝠（Rousettus aegyptiacus）或是一種埃及果蝠傳播。人類一旦受感染，可以透過體液及接觸受感染表面而感染，是世界上九種最致命的病毒之一。預言顯示感染病毒後到病發，即疾病的潛伏期為2天至21天。病徵會突然出現，如肌肉疼痛。病徵出現三日後會出現腸胃不適，如噁心、嘔吐、嚴重腹瀉，徵狀可持續一星期。預言看見患者的模樣猶如「鬼魅」，深遂的眼睛、神情呆滯且變得嗜睡。就如伊波拉病毒，馬堡病毒同樣會引致嚴重出血熱，病徵為發高熱及血管功能障礙導致大量出血，大概於病徵出現後五至七日發生。嘔吐物或排泄物中也可能滲有血液，而病人的鼻、牙肉、以女性的陰道均有

可能出血。治療期間在注射部位出血會「特別麻煩」，病毒也會攻擊中樞神經系統，導致精神錯亂、易怒及具攻擊性。這將於2025年至2026在馬德里、西班牙及塞爾維亞發生，而按其發展，於2026年可能成為大流行。根據預知夢顯示，將有數千甚至百萬以上的無辜市民死亡，如果政府沒有作出應對措施的話，病毒將肆虐歐洲甚至全世界。死亡個案大多在病徵出現後8天至9天，死因一般為大量出血及休克。

2. 唯一應付新冠肺炎的有效方法，就是將老弱幼童與其他人分隔起來，某程度上會大大減低傳播，因為迄今為止採取的措施都是治標不治本的。他們不能解決問題，更遑論疫苗是有效對抗疫症的手段，因為他們只是說謊及欺騙人們。若希望避免插喉及醫院爆滿，使用瓜柯（Guaco）及茴香茶（Anise teas），在晚上使用放濕器，已可解決問題。

3. 小米股價將於2021年1月15日在香港交易所暴跌，跟隨美國將世界第三大電話製造商列入威脅國家安全名單。制裁中包括中國的公司，意味著這是北京與特朗普管治下的華盛頓四年間外交緊張局勢的最終章。在美國總統任期結束前，當局將公告一系列針對中國手機製造商、TikTok和石油巨頭中海油的措施。

小米於2020年搶過蘋果公司成為全球第三大手機製造商，成為中國九大上市企業之一。由於其涉及與中國軍方的連繫，這些措施可能令美國的投資者不能購買小米的股份，以及需要出售股票。除非下屆美國總統拜登上場推翻措施。小米是中國其中一大上市企業，他的股價在香港交易所會下跌10%，如沒有任何應對方案，股價會持續下跌。一月初，因應美國財政部的「新具體建議」，紐約證券交易所會公佈從電訊行業中撤出三間中國企業。

Nashville City Hall & Public Square - Mayor's Office

100 Metro Courthouse, Nashville, TN 37201 -USA

Águas de Lindóia , February 05 of 2020

We are already in the great planetary transition. I did an approach and talk about the new era. All doctrines speak of a better world. It is certain that the world will end with evil. The evil that prevails will give way to good and even after the emergence of "the greedy, who exploit the poor, who exercise the ego and live on it, who lie, tear ethics by power, evil will always lose, exactly that. from another dimension, which we will call angelic beings, will incarnate on Earth and the wicked will have no chance to continue. They will go to inferior worlds temporarily, because God doesn't punish. it is a world of trials and atonements, the world of the future is a world of regeneration

1.   A vehicle will explode in downtown Nashville, Tennessee, in the United States (USA), at dawn on December 25, 2020,. The explosion will generate "wide area" debris, and the act will be criminal and "intentional". The vehicle explosion in downtown Nashville will be felt nine blocks away, will destroy other vehicles and damage some buildings, between three to five people will be injured,;

2. A large global agreement by governments on the left party (I have nothing against them), however, We are sorry for the lives lost, but the people have been deceived , in several countries, for the application of the vaccine against Covid19, since many of them have shares, or are investors in these vaccine manufacturing companies and want to motivate vaccination in mass . Many of them will pretend people and cry, regret, asking for the mandatory vaccination - so as not to cause huge losses in their pockets. In Brazil, the numbers of Covid19 have been increasing, due to misleading motivations and false information that circulate daily in the media - if compared, the numbers officials are only increasing because everything is placed Covid 19 - according to decrees of laws created by them . A vaccine that, unfortunately, will kill more than Covid19 - without any proof of efficacy and without security for those who will take it – Those governors and lobbyists are cheating and committing crime against humanity. They are, using Covid19, and bringing panic, fear, in the sense of those lockdowns of testing honest people´s capacity for obedience, in the plan to break the world economy and make people slaves to power, and it will start off as of December 2020, and total global economic imbalance between 2021 to 2022.   Pity ! that uninformed and lay people, most of them will run like a herd to the slaughterhouse, when this vaccine comes out - many may have different reactions over the years, causing death and health problems!

And the Governors and lobbyists to deceive people, will say that it is death by Covid 19! "If the vaccine were that good, there would be no need to force yourself and demand its use." Many doctors, researchers, for greed and money, tore up their medical ethics will be involved in this killing of the vaccine (from Colvid 19) and many will even pretend to have had the vaccine. In Brazil, they will do anything to squeeze the Brazilians In the vaccination .... Not even in China the vaccine was approved, how can you want to vaccinate people there? They will even invent a new strain of the virus to make you more afraid! And they can do whatever they want everywhere in the world! Most tests are already contaminated to be positive, and no one, not even authorities in the world do anything. Neither investigation nor guilty of crimes committed freely. The big world coup has begun!;

3. Unfortunately, engineer Paulo José Arronenzi, will stab and kill Judge Viviane Vieira do Amaral Arronenzi, his ex-wife, at Rua Raquel de Queiroz, in Rio de Janeiro - Brazil, Paulo José will be a few meters from his body, with shaking hands but without carrying the knife he will use in crime on December 24, 2020;

4. The critical situation of dams around the world is expected to continue in 2021. and many reservoirs can dry up by 2026, and others with excess rain and storm water can yield and victimize many people around the world.;

5. China will overtake the United States to become the world's biggest economy between 2024 to 2028, it will be estimated due to the contrasting recoveries of the two countries from the COVID-19 pandemic;

6. A magnitude 6.0 earthquake will hit southern Manila, the main island of the Philippines, on December 25, 2020, 144 km deep in the city of Calatagan..

7. Protesters will start a fire at Nashville's Metro Courthouse on

8. Saturday night of May 30 of 2020 The fire will appear to start in a first-floor office building a little before 8:00 p.m. Saturday. Dozens of protesters will gather on the steps of Nashville's criminal courthouse and City Hall , and it will be after a rally and march. Demonstrators will smash windows with rocks and other material drawing a swarm of police . Tennessee black writers will talk about racism, social unrest, and the next steps

Those information above are what I have seen in my dreams .

Cordially

Prof. Jucelino Nobrega da Luz -Caixa Postal 54 -Águas de Lindóia -S.P CEP:13940-000 Brazil

於2021年2月14日寄給世界衛生組織的的信（1/2頁）

WHO Regional Office for Europe

UN City

Principal's office

Marmorvej 51

DK-2100 Copenhagen Ø Denmark

Águas de Lindóia, February , 14 2021

I come very respectfully, to bring you information about the possibility of two new viruses; unfortunately, one of them will start in your country, so I ask your attention and research; in order to avoid this big problem between 2025 to 2026. Remember that Good Spirits only provide assistance to those who serve God with humility and disinterest and who repudiate everyone who seeks in the path of Heaven a step to conquer the things of the Earth; who move away from the proud and the ambitious. In a letter sent to China in 2018, I have told them about the Covid19 virus.

Spiritual Message :

1.   A lot of innocent people in Madrid - Spain and Serbia will possibly die from an extremely rare and deadly disease caused by the Marburg virus outbreak and can be epidemic in 2025 The Marburg virus is related to another notorious virus, the Ebola virus, according to Jucelino Luz's dreams. Both viruses are members of the "filovirus" family and have high fatality rates. The fatality rate for the disease caused by the Marburg virus can be as high as 88 percent. The Marburg virus is transmitted to people from a type of fruit bat called Rousettus aegyptiacus, or the Egyptian fruit bat, Jucelino Luz says. Once a human is infected, however, the virus can be spread to other humans via direct contact with bodily fluids, or by coming into contact with surfaces and materials that have been contaminated with these fluids. [The 9 Deadliest Viruses on Earth]. The amount of time it takes for symptoms to appear after a person is infected with the virus — known as the incubation period — can vary from two to 21 days, Jucelino Luz says. But when symptoms begin, they begin abruptly and can include muscle aches and pain. About three days after symptoms begin, a person can develop gastrointestinal symptoms, including nausea, vomiting, and severe diarrhea that can persist for a week. Jucelino Luz describes patients at this phase of the infection as "ghost-like," withdrawn features, deep-set eyes, expressionless faces, and extreme lethargy. Like the Ebola virus, the Marburg virus causes a condition called severe hemorrhagic fever, which includes symptoms such as a high fever and dysfunction in the body's blood vessels, which can result in profuse bleeding. These hemorrhagic symptoms often begin between five and seven days after the onset of symptoms, according to Jucelino Luz. Blood may be found in vomit and feces, and patients may also bleed from the nose, gums, and, for women, the vagina. Bleeding at injection sites during medical treatment can be "particularly troublesome," according to his spiritual advice. The virus can also cause problems with the central nervous system, leading to confusion, irritability, and aggression, and it will be appearing in 2025 in Spain -Madrid, and Serbia, depending on its development can turn out to pandemic in 2026 - And it can kill thousands or millions of innocent people all over Europe and the entire world if Governors of those countries do nothing to avoid it (to quit it) In fatal cases, death occurs between eight and nine days after the symptoms begin, usually due to severe blood loss and shock, according to Jucelino Luz's spiritual orientation.:

2.   COVID-19 is an infectious disease that will be caused by the possible new coronavirus, which will be identified for the first time in December 2019, in Wuhan, China - it will infect more than 67,000,000, with

more than 1,500,000 deaths -Most people who will be infected (who will possibly die) have a history of diseases such as heart, kidney problems, cancer, diabetes, and so on ... however, we have diseases and other things that kill more than Covid 19, are ignored by world governors: - tuberculosis, cancer, murders, measles, Ebola, rabies, cholera, hunger, Dengue. And many laboratories will emerge to discover the vaccine for Covid19, although it may cause more deaths than the coronavirus itself, due to a lack of study, research and long-term tests, which are essential factors for the preservation of the health of each citizen. And they will ignore more in-depth and detailed research, starting to vaccinate without due scientific proof - and some will practice this "lobbying" to sell vaccines, will commit possible crimes against public health and against the safety of humanity. And they will make obscure agreements with countries where the virus came from - without showing the first and second phase tests, causing a lot of public distrust. Because, many tests, will be "false positives", which will be created to increase the number of contaminated - in the practice of crimes - lobbyists will take advantage to do business, in the sense of making money with the misfortune of others..

3.　　Sweden and South Korea, will be a different example because it will be based mainly on the adhesion of citizens without social distance, without closing schools or commerce. There will be no collapse of the health system, these countries have a lower death rate. The cost of social distance will be disproportionate to the severity of the disease. The lethality rate of covid-19 will be lower than those who will adopt measures of social distance. The disease that will kill around two in every 100 people infected cannot paralyze the entire society. In 2021 and 2022 we will have a major financial crisis for reasons. And of those possible confinements, which could kill more people than Covid19 himself. Quarantine must be one of the most vulnerable and the resumption of general economic activity. But most of the main epidemiologists (doctors) in the world who will be linked and/or are commanded by government agencies, or professionally linked to vaccine laboratories (which will not have scientific proof), or singular interests, will say that this will lead to the death of millions of people because the health system will collapse and the victims are not always at risk. We respect, however, we don't agree - because the spiritual view shows that it will be different. And unfortunately, in 2020, we will have many interests involved that will generate huge profits for an elite in the sale of masks, breathing apparatus, tests, vaccines, and others - all of this, added to frauds, scams, tenders, and criminal decrees. Cholera rabies: infectious diseases that kill more than the coronavirus. And with Covid19, they will create fear and panic worldwide, because there will have news of deaths every day, without stopping ...;

4.　　The Covid 19 vaccine can kill more innocent people than the virus itself between 2021 and 2022 - therefore, we recommend a survey of more than 2 years, before the vaccine is released (with substantiated scientific evidence). And the deaths may start in Brazil, USA, England, China, Japan, Germany, France, Spain, Italy, Argentina and thus continue to spread to other countries...

I hope I'm wrong, however, that's what I noticed in my holy message. I ask you to pay attention and to take the necessary steps to protect the population and research to contain the emergence and proliferation of viruses in your country.

Cordially,

Prof. Jucelino Nobrega da Luz

朱瑟里諾於2021年電郵至世界衛生組織的回應

Contact us

531

Verification

Your message has been submitted successfully.

Map and directions

(https://www.euro.who.int/en/about-us/contact-us/map-and-directions)

© 2021 WHO (https://www.euro.who.int/en/home/copyright-notice)

於2020年12月7日再次電郵塞爾維亞政府之記錄（1/2頁）

 Gmail

jucelino da Luz <jucelinodaluz1@gmail.com>

copy of letter from January 2019 -Urgent
1 message

jucelino da Luz <jucelinodaluz1@gmail.com>   7 December 2020 at 23:55
To: predstavkegradjana@predsednik.rs
Bcc: mediji@predsednik.rs, press@predsednik.rs

GENERAL SECRETARIAT OF THE

PRESIDENT OF THE REPUBLIC OF SERBIA

O/c Dear President of Serbia Aleksandar Vučić

Andrićev venac 1, 11000 Beograd, Serbia

Águas de Lindóia, January 16, 2019

I come very respectfully, to bring you information about the possibility of two new viruses, unfortunately, one of them, will start in your country, so I ask your attention and research in order to avoid this big problem between 2025 to 2026..Remember that Good Spirits only provide assistance to those who serve God with humility and disinterest and who repudiate everyone who seeks in the path of Heaven a step to conquer the things of the Earth; who move away from the proud and the ambitious. In a letter sent to China in 2018, I have told them about the Covid19 virus.

Spiritual Message :

1. A lot of innocent people in Madrid - Spain, and Serbia will possibly die from an extremely rare and deadly disease caused by the Marburg virus outbreak and can be epidemic in 2025 The Marburg virus is related to another notorious virus, the Ebola virus, according to Jucelino Luz´s dreams. Both viruses are members of the "filovirus" family and have high fatality rates. The fatality rate for the disease caused by the Marburg virus can be as high as 88 percent. The Marburg virus is transmitted to people from a type of fruit bat called Rousettus aegyptiacus, or the Egyptian fruit bat, Jucelino Luz says. Once a human is infected, however, the virus can be spread to other humans via direct contact with bodily fluids, or by coming into contact with surfaces and materials that have been contaminated with these fluids. [The 9 Deadliest Viruses on Earth]. The amount of time it takes for symptoms to appear after a person is infected with the virus — known as the incubation period — can vary from two to 21 days,Jucelino Luz says. But when symptoms begin, they begin abruptly and can include muscle aches and pain. About three days after symptoms begin, a person can develop gastrointestinal symptoms, including nausea, vomiting, and severe diarrhea that can persist for a week. Jucelino Luz describes patients at this phase of the infection as "ghost-like," with drawn features, deep-set eyes, expressionless faces, and extreme lethargy. Like the Ebola virus, the Marburg virus causes a condition called severe hemorrhagic fever, which includes symptoms such as a high fever and dysfunction in the body's blood vessels, which can result in profuse bleeding. These hemorrhagic symptoms often begin between five and seven days after the onset of symptoms, according to Jucelino Luz . Blood may be found in vomit and feces, and patients may also bleed from the nose, gums, and, for women, the vagina. Bleeding at injection sites during medical treatment can be "particularly troublesome," according to his spiritual advice. The virus can also cause problems with the central nervous system, leading to confusion, irritability, and aggression,

於2020年12月7日再次電郵塞爾維亞政府之記錄（2/2頁）

and it will be appearing in 2025 in Spain -Madrid, and Serbia, depending on its development can turn out to pandemic in 2026 - And it can kill thousands or millions of innocent people all over Europe and the entire world if Governors of those countries do nothing to avoid it (to quit it) In fatal cases, death occurs between eight and nine days after the symptoms begin, usually due to severe blood loss and shock, according to Jucelino Luz's spiritual orientation.;

2. COVID-19 is the infectious disease will be caused by the possible new coronavirus, which will be identified for the first time in December 2019, in Wuhan, China - it will infect more than 67,000,000, with more than 1,600,000 deaths -Most people who will be infected (who will possibly die) have a history of diseases such as: heart, kidney problems, cancer, diabetes, and so on ... however, we have diseases and other things that kill more than Covid 19 are ignored by the world governors: - tuberculosis, cancer, murders, measles, Ebola, rabies, cholera, hunger, Dengue. And many laboratories will emerge to discover the vaccine for Covid19, although it may cause more deaths than the coronavirus itself, due to a lack of study, research, and long-term tests, which are essential factors for the preservation of the health of each citizen. And they will ignore more in-depth and detailed research, starting to vaccinate without due scientific proof - and some, will practice this "lobbying" to sell vaccines, will commit possible crimes against public health and against the safety of humanity. And they will make obscure agreements with countries where the virus came from - without showing the first and second phase tests, causing a lot of public distrust. Because, many tests, will be "false positives", which will be created to increase the number of contaminated - in the practice of crimes - lobbyists will take advantage to do business, in the sense of making money with the misfortune of others..

3. Sweden and South Korea, will be a different example because it will be based mainly on the adhesion of citizens without social distance, without closing schools or commerce. There will be no collapse of the health system, these countries have a lower death rate. The cost of social distance will be disproportionate to the severity of the disease. The lethality rate of covid-19 will be lower than those who will adopt measures of social distance. The disease that will kill around two in every 100 people infected cannot paralyze the entire society. In 2021 and 2022 we will have a major financial crisis for reasons And of those possible confinements, which could kill more people than Covid19 himself. Quarantine must be one of the most vulnerable and the resumption of general economic activity. But most of the main epidemiologists (doctors) in the world who will be linked and/or are commanded by government agencies, or professionally linked to vaccine laboratories (which will not have scientific proof), or singular interests, will say that this will lead to the death of millions of people because the health system will collapse and the victims are not always at risk. We respect, however, we don't agree - because the spiritual view shows that it will be different. And unfortunately, in 2020, we will have many interests involved that will generate huge profits for an elite in the sale of masks, breathing apparatus, tests, vaccines, and others - all of this, added to frauds, scams, tenders, and criminal decrees. Cholera rabies: infectious diseases that kill more than the coronavirus. And with Covid19, they will create fear and panic worldwide, because there will have news of deaths every day, without stopping ...

4. The Covid 19 vaccine can kill more innocent people than the virus itself between 2021 and 2022 - therefore, we recommend a survey of more than 2 years, before the vaccine is released (with substantiated scientific evidence). And the deaths may start in Brazil, USA, England, China, Japan, Germany, France, Spain, Italy, Argentina and thus continue to spread to other countries ....

I hope I'm wrong, however, that's what I noticed in my holy message. I ask you to pay attention and to take the necessary steps to protect the population and research to contain the emergence and

14/02/2021   Gmail - Herein copy of the letter of 16/01/2019 -about Marburg Fever -Urgent !

M Gmail   jucelino da Luz <jucelinodaluz1@gmail.com>

Herein copy of the letter of 16/01/2019 -about Marburg Fever -Urgent !
1 message

jucelino da Luz <jucelinodaluz1@gmail.com>   4 January 2021 at 21:33
To: jlsf@fis.ucm.es
Bcc: mcardaba@mspsi.es, prensa@mscbs.es, oiac@msssi.es, publicaciones@msssi.es, accesibilidad@mscbs.es, info@ecdc.europa.eu, press@ecdc.europa.eu, publications@ecdc.europa.eu, webmaster@ecdc.europa.eu

Herein copy of the letter of 16/01/2019 -about Marburg Fever -Urgent!
Prof. Jucelino Luz

3 attachments

Marburg.jpg
507K

marburg2.jpg
570K

marburg3.jpg
516K

https://mail.google.com/mail/u/0?ik=e73a2b75ab&view=pt&search=all&permthid=thread-a%3Ar626462417421857735|&simpl=msg-a%3Ar-6510...   1/1

於2021年1月4日電郵歐洲各國之記錄（2/2頁）

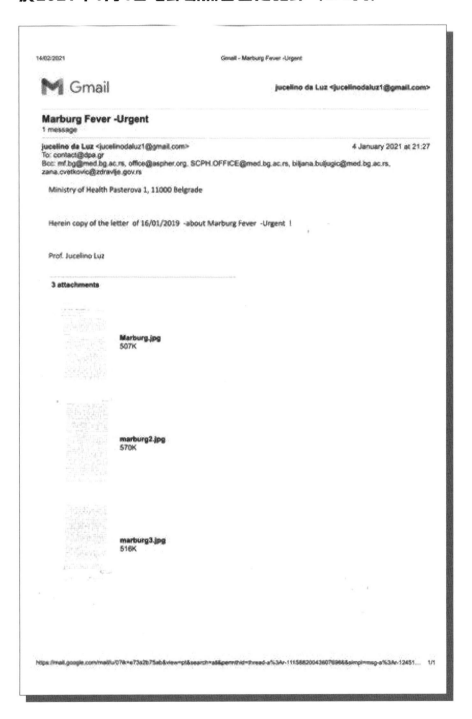

於2021年1月4日電郵西班牙首相之記錄（1/2頁）

 Gmail

jucelino da Luz <jucelinodaluz1@gmail.com>

Señor Embajador Fernando García Casas. - urgencia !
1 message

jucelino da Luz <jucelinodaluz1@gmail.com>　　　　　　　　　　　　　4 January 2021 at 22:39
To: emb.brasilia@maec.es
Bcc: sc.brasilia@maec.es

Señor Embajador　Fernando García Casas.

Permítaseme presentar una copia　abajo de la carta enviada al Excelentísimo Señor Pedro Sanches - Presidente de España

Como se trata de un documento muy serio para la protección y seguridad de todos los españoles y residentes en Madrid - España - sugiero que sea enviado urgentemente al Ministerio de Sanidad, al Presidente ya los Institutos de Estudios Epidémicos y Pandémicos.
Saludos,

Profe. Jucelino Luz

//

El presidente del Gobierno, Pedro Sánchez

La Moncloa

Complejo de la Moncloa, Avda. Puerta de Hierro, s/n. 28071 Madrid (España)

Águas de Lindóia, 17 de enero de 2019

Vengo muy respetuosamente, para traerles información sobre la posibilidad de dos nuevos virus, lamentablemente uno de ellos, se iniciará en su país, por lo que les pido su atención e investigación para evitar este gran problema entre el 2025 y el 2026. que los buenos espíritus sólo atienden a quienes sirven a Dios con humildad y desinterés y que repudian a todo aquel que busca en el camino del Cielo un paso para conquistar las cosas de la tierra; que se alejan de los orgullosos y ambiciosos. En una carta enviada a China en 2018, les hablé del virus Covid19.

Mensaje espiritual:

1. Mucha gente inocente en Madrid - España y Serbia posiblemente morirá de una enfermedad extremadamente rara y mortal causada por el brote del virus de Marburgo y puede ser una epidemia en 2025 El virus de Marburgo está relacionado con otro virus notorio, el virus del Ébola, según los sueños de Jucelino Luz. Ambos son miembros de la familia de los "filovirus" y tienen altas tasas de mortalidad. La tasa de mortalidad por la enfermedad causada por el virus de Marburg puede llegar al 88 por ciento. El virus de Marburgo se transmite a las personas a partir de un tipo de murciélago frugívoro llamado Rousettus aegyptiacus, o el murciélago frugívoro egipcio, dice Jucelino Luz. Sin embargo, una vez que un ser humano está infectado, el virus puede transmitirse a otros humanos a través del contacto directo con fluidos corporales o al entrar en contacto con superficies y materiales que han sido contaminados con estos fluidos. [Los 9 virus más mortíferos de la Tierra]. La cantidad de tiempo que tardan en aparecer los síntomas después de que una persona se infecta con el virus, conocido como período de incubación, puede variar de dos a 21 días, dice Jucelino Luz. Pero cuando los síntomas comienzan, comienzan abruptamente y pueden incluir dolores y molestias musculares. Aproximadamente tres días después de que comienzan los síntomas, una persona puede desarrollar síntomas gastrointestinales, que incluyen náuseas, vómitos y diarrea intensa que pueden persistir durante una semana. Jucelino Luz describe a los pacientes en esta fase de la infección como "fantasmales", con rasgos dibujados, ojos hundidos, rostros inexpresivos y letargo extremo. Al igual que el virus del Ébola, el virus de Marburgo causa una afección llamada fiebre hemorrágica grave, que incluye síntomas como fiebre alta y disfunción de los vasos sanguíneos del cuerpo, lo que puede provocar un sangrado profuso. Estos síntomas hemorrágicos suelen comenzar entre cinco y siete días después de la aparición de los síntomas, según Jucelino Luz. Se puede encontrar sangre en el vómito y las heces, y los pacientes también pueden sangrar por la nariz, las encías y, en el caso de las mujeres, la vagina. Sangrar en los sitios de inyección durante el

於2021年1月4日電郵西班牙首相之記錄（2/2頁）

tratamiento médico puede ser "particularmente problemático", según su consejo espiritual. El virus también puede causar problemas en el sistema nervioso central, generando confusión, irritabilidad y agresión, y estará apareciendo en 2025 en España -Madrid y Serbia, dependiendo de su desarrollo puede convertirse en pandemia en 2026- Y puede matar a miles o millones de personas inocentes en toda Europa y el mundo entero si los gobernadores de esos países no hacen nada para evitarlo (para dejarlo) En casos fatales, la muerte ocurre entre ocho y nueve días después de que comienzan los síntomas, generalmente debido a graves pérdida de sangre y conmoción, según la orientación espiritual de Jucelino Luz:

2. COVID-19 es la enfermedad infecciosa que será causada por el posible nuevo coronavirus, que se identificará por primera vez en diciembre de 2019, en Wuhan, China - infectará a más de 67.000.000, con más de 1.600.000 muertes -La mayoría de personas quienes se infectarán (quienes posiblemente morirán) tienen antecedentes de enfermedades como: problemas cardiacos, renales, cáncer, diabetes, etc. sin embargo, tenemos enfermedades y otras cosas que matan a más de Covid 19, se ignoran por los gobernadores mundiales: - tuberculosis, cáncer, asesinatos, sarampión, ébola, rabia, cólera, hambre, dengue. Y surgirán muchos laboratorios para descubrir la vacuna para Covid19, aunque puede causar más muertes que el propio coronavirus, por falta de estudio, investigación y pruebas a largo plazo, que son factores fundamentales para la preservación de la salud de cada ciudadano. . E ignorarán investigaciones más profundas y detalladas, comenzando a vacunar sin la debida prueba científica - y algunos, practicarán este "cabildeo" para vender vacunas, cometerán posibles delitos contra la salud pública y contra la seguridad de la humanidad. Y harán acuerdos oscuros con los países de donde vino el virus, sin mostrar las pruebas de la primera y segunda fase, lo que generará mucha desconfianza en el público. Porque, muchas pruebas, serán "falsos positivos", que se crearán para incrementar el número de lobistas contaminados - en la práctica de los delitos - que aprovecharán para hacer negocios, en el sentido de ganar dinero con la desgracia ajena.

3. Suecia y Corea del Sur, serán un ejemplo diferente porque se basará principalmente en la adhesión de ciudadanos sin distancia social, sin cerrar escuelas ni comercios. No habrá colapso del sistema de salud, estos países tienen una tasa de mortalidad más baja. El costo de la distancia social será desproporcionado con la gravedad de la enfermedad. La tasa de letalidad del covid-19 será menor que la de quienes adoptarán medidas de distancia social. La enfermedad que matará alrededor de dos de cada 100 personas infectadas no puede paralizar a toda la sociedad. En 2021 y 2022 tendremos una gran crisis financiera por motivos Y de esos posibles confinamientos, que podrían matar a más personas que el propio Covid19. La cuarentena debe ser una de las más vulnerables y la reanudación de la actividad económica general. Pero la mayoría de los principales epidemiólogos (médicos) del mundo que estarán vinculados y / o comandados por agencias gubernamentales, o vinculados profesionalmente a laboratorios de vacunas (que no tendrán prueba científica), o intereses singulares, dirán que esto conducirá hasta la muerte de millones de personas porque el sistema de salud colapsará y las víctimas no siempre están en riesgo. Respetamos, sin embargo, no estamos de acuerdo, porque la visión espiritual muestra que será diferente. Y lamentablemente, en 2020, tendremos muchos intereses involucrados que generarán enormes ganancias para una élite en la venta de máscaras, aparatos respiratorios, pruebas, vacunas y otros, todo esto, sumado a fraudes, estafas, licitaciones y actividades criminales. decretos. Cólera rabia: enfermedades infecciosas que matan más que el coronavirus. Y con Covid19, crearán miedo y pánico en todo el mundo, porque habrá noticias de muertos todos los días, sin parar ...;

4. La vacuna Covid 19 puede matar a más personas inocentes que el propio virus entre 2021 y 2022; por lo tanto, recomendamos una encuesta de más de 2 años, antes de se lance la vacuna (con evidencia científica comprobada). Y las muertes pueden comenzar en Brasil, Estados Unidos, Inglaterra, China, Japón, Alemania, Francia, España, Italia, Argentina y así seguir extendiéndose a otros países ...

Espero estar equivocado, sin embargo, eso es lo que noté en mi santo mensaje. Les pido que presten atención y tomen las medidas necesarias para proteger a la población e investigar para contener la aparición y proliferación de virus en su país.

Cordialmente,

Prof. Jucelino Nobrega da Luz –Caixa Postal 54 –Águas de Lindóia –S.P CEP: 13940-000 Brasil

於2021年2月17日電郵歐洲醫學院之記錄

M Gmail

jucelino da Luz <jucelinodaluz1@gmail.com>

Señor Decano de la Facultad de Medicina -urgència !
1 message

jucelino da Luz <jucelinodaluz1@gmail.com>   17 February 2021 at 17:02
To: david.alvarez@uam.es
Bcc: ernando.artalejo@uam.es, info.doctorado.epidemiologia@uam.es, decano.medicina@uam.es, vicedecanato.medicina.investigacion@uam.es, vicedecanato.medicina.innovacion@uam.es, vicedecanato.medicina.internacional@uam.es, vicedecanato.medicina.estudiantes@uam.es, vicedecanato.medicina.clinica@uam.es, vicedecanato.medicina.academica@uam.es, administradora.medicina@uam.es, vicedecanato.medicina.profesorado@uam.es

Señor Decano de la Daculdad de Medicina
Despacho D-35 o despacho D-24D

Facultad de Medicina

Le envío una copia de una importante carta que me gustaría haber analizado Vuestra Señoría, para ayudar a algunos profesores calificados en el estudio de la virología, para evitar una catástrofe entre 2025 y 2026 (cuando Marburgo podría convertirse en un pandemia - comenzando si en Madrid-España y cerca de Belgrado - Serbia.
Cuento con su importante apoyo, no más por el momento.
Atentamente,

Prof., Jucelino Nobrega da Luz

//

Mr. Dean of Faculty of Medicine
I am sending you a copy of an important letter that I would like to have analyzed Your Honor, to help some qualified professors in the study of virology, to avoid a catastrophe between 2025 and 2026 (when Marburg could turn into a pandemic - starting if in Madrid -Spain and near Belgrade - Serbia.
I count on your important support, no more at the moment.
Sincerely,

Prof., Jucelino Nobrega da Luz

5 attachments

Marburg Book 1.jpg
553K

Marburg book 2.jpg
537K

於2021年2月17日電郵歐洲大學機構之記錄

 Gmail

jucelino da Luz <jucelinodaluz1@gmail.com>

Señor Decano de la Universidad Keystone Academic Solutions -urgencia !
1 message

jucelino da Luz <jucelinodaluz1@gmail.com>   17 February 2021 at 16:17
To: contact@keystoneacademic.com

Keystone Academic Solutions -Urgencia!

Principal´s office - urgent

Address: Rolfsbuktveien 4D 1364 Fornebu, Norway

Telephone: +47 23 22 72 50

Señor Decano de la Universidad Keystone Academic Solutions

Le envío una copia de una importante carta que me gustaría haber analizado Vuestra Señoría, para ayudar a algunos profesores calificados en el estudio de la virología, para evitar una catástrofe entre 2025 y 2026 (cuando Marburgo podría convertirse en un pandemia - comenzando si en Madrid-España y cerca de Belgrado - Serbia.
Cuento con su importante apoyo, no más por el momento.
Atentamente,

Prof., Jucelino Nobrega da Luz

///
Mr. Dean of Keystone Academic Solutions University

I am sending you a copy of an important letter that I would like to have analyzed Your Honor, to help some qualified professors in the study of virology, to avoid a catastrophe between 2025 and 2026 (when Marburg could turn into a pandemic - starting if in Madrid -Spain and near Belgrade - Serbia.
I count on your important support, no more at the moment.
Sincerely,

Prof., Jucelino Nobrega da Luz

5 attachments

Marburg Book 1.jpg
553K

Marburg book 2.jpg
537K

於2021年2月17日電郵歐洲大學機構之記錄

 Gmail

jucelino da Luz <jucelinodaluz1@gmail.com>

Señor Decano de la Universidad Camilo José Cela -Urgent !
1 message

jucelino da Luz <jucelinodaluz1@gmail.com>   17 February 2021 at 16:37
To: info@ucjc.edu

Universidad Camilo José Cela · C/ Castillo de Alarcón, 49 · Urb. Villafranca del Castillo · 28692 Madrid España

Señor Decano de la Universidad Camilo José Cela
Le envío una copia de una importante carta que me gustaría haber analizado Vuestra Señoría, para ayudar a algunos profesores calificados en el estadio de la virología, para evitar una catástrofe entre 2025 y 2026 (cuando Marburgo podría convertirse en un pandemia - comenzando si en Madrid-España y cerca de Belgrado - Serbia.
Cuento con su importante apoyo, no más por el momento.
Atentamente,

Prof., Jucelino Nobrega da Luz

//

Mr. Dean of Universidad Camilo José Cela
I am sending you a copy of an important letter that I would like to have analyzed Your Honor, to help some qualified professors in the study of virology, to avoid a catastrophe between 2025 and 2026 (when Marburg could turn into a pandemic - starting if in Madrid -Spain and near Belgrade - Serbia.
I count on your important support, no more at the moment.
Sincerely,

Prof., Jucelino Nobrega da Luz

5 attachments

Marburg Book 1.jpg
553K

Marburg book 2.jpg
537K

Marburg book 7.jpg
532K

https://mail.google.com/mail/u/0?ik=e73a2b75ab&view=pt&search=all&permthid=thread-a%3Ar3055497519970940949&simpl=msg-a%3Ar58645... 1/2

歐洲政府於2020年12月8日回覆朱瑟里諾電郵之記錄

 Gmail

jucelino da Luz <jucelinodaluz1@gmail.com>

Respuesta automática: El presidente del Gobierno, Pedro Sánchez - copia de carta de enero de 2019

1 message

DPD@mpr.es <DPD@mpr.es>   8 December 2020 at 00:10
To: jucelinodaluz1@gmail.com

Este buzón ya no está en funcionamiento.

A través de https://mpr.sede.gob.es/pagina/index/directorio/proteccion_de_datos puede ampliar la información de protección de datos correspondiente a Presidencia del Gobierno, el Ministerio de la Presidencia, Relaciones con las Cortes y Memoria Democrática y sus organismos públicos.
Si desea realizar una consulta a la Delegada de Protección de Datos relacionada con los tratamientos de datos personales de Presidencia del Gobierno, el Ministerio de la Presidencia, Relaciones con las Cortes y Memoria Democrática y sus organismos públicos puede utilizar el formulario https://www.mpr.gob.es/Paginas/contacto-dpd.aspx

Disculpe las molestias.

Este mensaje se dirige exclusivamente a su destinatario y puede contener información privilegiada o confidencial. Si no es Vd. el destinatario indicado, queda notificado de que la lectura, utilización, divulgación y/o copia sin autorización está prohibida en virtud de la legislación vigente. Si ha recibido este mensaje por error, le rogamos que lo destruya y notifique el hecho a la dirección electrónica del remitente. El correo electrónico vía Internet no permite asegurar la confidencialidad de los mensajes que se transmiten ni su integridad o correcta recepción. Ministerio de la Presidencia, Relaciones con las Cortes y Memoria Democrática no asume ninguna responsabilidad por estas circunstancias.

This message is intended exclusively for its addressee and may contain information that is CONFIDENTIAL and protected by a professional privilege or whose disclosure is prohibited by law. If you are not the intended recipient you are hereby notified that any read, dissemination, copy or disclosure of this communication is strictly prohibited by law. If this message has been received in error, please immediately notify us via e-mail and delete it. Internet e-mail neither guarantees the confidentiality nor the integrity or proper receipt of the messages sent. Ministry for the Presidency, Parliamentary Relations and Democratic Memory does not assume any liability for those circumstances.

Antes de imprimir este mensaje, asegúrese de que es realmente necesario. EL MEDIO AMBIENTE ES COSA DE TODOS

Ministerio de la Presidencia, Relaciones con las Cortes y Memoria Democrática. <http://www.mpr.gob.es>

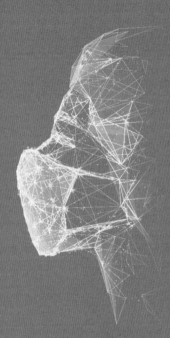

第十三節
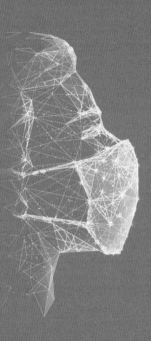

第十三節
最後結論

馬堡病毒於1967年被發現，當時錄得超過460人確診。

從多方面得知，此病毒是來自動物，包括非人類靈長類，所以人類可以有效預防這種致命病毒引起的疾病如馬堡出血熱。初期病徵與感冒類似，較易傳染給家人或醫護人員，導致疫症爆發。

在研究中，闡明有關此疾病的發病機制及指出出血熱的許多特徵是由馬堡病毒引致。必需詢問病人資料，看看他們曾否到過非洲或曾與受感染的人工作或接觸。預防方法只得一個，就是隔離病人，即使是懷疑個案，也得跟從基本預防措施，穿上防護裝備，確保與病毒完全隔絕。除了上述種種情況，生物安全、處理物料及廢物的程序必須好好遵守才能有效控制疾病傳播。

由專業護士及團隊提供的醫護服務，對患有馬堡出血熱的病人來說十分重要，應由在風險地區工作的團隊或可能收到類似病例的感染學參考中心定期審查，或許我們將會面對新一輪馬堡病毒出血熱爆發，以及需要準備措施防止疫症蔓延全球，塗炭生靈。

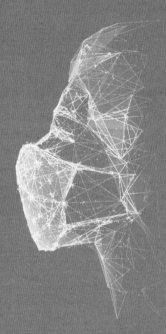
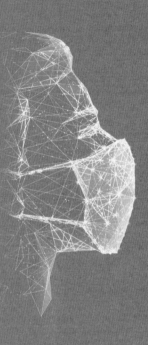

第
十
四
節

第十四節
另一場疫症，數年後全球將有超過9百萬人喪生

2009年9月12日寄給世界各地政府的公開信

朱瑟里諾在此警告全球領袖，除了2019年12月的新冠肺炎引起的大流行外，2025年至2026年將會出現馬堡病毒，而2027年至2029年則會出現尼帕病毒，這是一種嚴重威脅人類生命的致命病毒，將有大量人類受感染，死亡個案遍佈全球。全球各洲已有相關紀錄，包括亞洲、歐洲和南極洲。而其影響會隨時間擴大，並將影響全球經濟及進一步加劇貧窮。如新冠肺炎，是全球大流行的又一例子。

朱瑟里諾警告情況將會十分嚴重。全球每年死於空氣污染約有7百萬人，如其他因空氣污染而引發的疾病如腹瀉、營養不良及瘧疾等熱帶病毒計算在內，估算多達28萬人死亡。朱瑟里諾也預計此疫症於2035年將導致1億人處於嚴重貧窮，預計1億4千9百萬人會因居住地受影響而被迫遷徙。

雖然這病毒的出現對大部份人來說是神秘的，並否認其存在，但我在多年來一直作出警告，全球99%的科學家對此病毒該是毫不陌生。從前會被認為是「氣候變化」，現今已慢慢變成「氣候危機」了。

氣候危機影響全部生物，特別是人類。科學數據顯示，這將影響人類社會中最脆弱的一群。在某些城市，最缺乏公共政策投資的

周邊地區受影響最深。再者，這也是性別及膚色的問題。朱瑟里諾看見此境像後感到十分煩惱，並去信聯合國，警告對人類缺乏關注，令他們更容易受到環境惡化所影響。有一研究顯示，舉例說，因為氣候危機而需要離開家園的人，當中有85%是女性以及其領袖所遺棄的貧困人士。

朱瑟里諾警告，氣候危機源於大量排放氣體及污染物，且封鎖在大氣層導致溫室效應，然後發生連鎖反應，無論是冰川或城市森林都無一倖免。無論如何，氣候危機將會是未來數十年甚至上百年蔓延全球的巨大系統危機。無數的災害及極端天氣將會發生。所以，我們必需在世界大部份人受苦難前投資於適應天氣和減輕災害的策略。

巴西

巴西這個國家並不獨善其身，同樣受到氣候危機的影響。2019年是巴西有紀錄以來最炎熱的一年，平均日間氣溫達攝氏32度，某些城市更於2019年7月錄得高達44度高溫，就像南馬托格羅索州內部的情況一樣。科學上，巴西每年平均氣溫也在上升已成事實，加劇了天災發生的頻密程度，例如史無前例的風暴出現於巴西部份地區，其餘地方則旱災連連。這將影響食物的生產，特別在巴西的東北部。

告知大眾此次疫症大流行在其地區的影響是十分重要的。舉例說，在年初，我曾警告巴西東南部說，人民最受期待的夏季將不會那麼炎熱，並且會有更猛烈的降雨。本季風暴來勢洶洶，由於缺乏足夠的公共政策和應對暴雨的準備，一場大風暴中，造成至少145人喪生，4,500多人無家可歸。

這個預測是，在未來數年，病毒將會進行變種並帶來更嚴重的影響。巴西甚至全世界也必承受惡果，我們必須在2043年前行

動，否則我們人口可銳減80%，我們生存的地區亦會遭受重大的損失。病毒變種研究指出，海平面上升會於2050年變得更加劇烈，嚴重影響全球，特別是巴西，因其擁有漫長的海岸線約達8,500平方公里，22.8%的人口居住在其中。這訊息是給那些多年來生活於海岸附近的人。這將為本地及全球經濟和人民生活帶來深遠的影響。海平面上升，海岸居民會被迫遷移及尋求新的生活模式，因他們當中很多是靠捕魚為生。地球的天然環境將日漸變差，對生態系統及其在內的生物直接造成極大影響。

幸好，科學家已率先進行多個研究來解決這場全球疫症大流行，以及向傳統民族展示守護人類生存的實際解決方法。現在是時候讓各國領袖及機構，還有金融市場負起緊急應付此疫症的責任。國際間須建立前所未有的合作，由2015年巴黎協議開始，提供緊急資金讓受疫症影響嚴重的人獲得支援，並且能作出應對方案。必須盡快頒佈隔離措施，全球必須正視氣候危機，減少溫室氣體排放，這是引致氣候災禍的主因，關乎全球物種的生死。

朱瑟里諾教授

最後話語｜對我來說，生命的意義是什麼？

每個人都是微型宇宙，每個人都有不同的願望。我就像補潤劑，促進個人整體的組織。這該是全球教育項目的綱要，旨在發展個人、人類之間互相尊重。

推而廣之，我們需要學習構成每個人的物質是相同的，我們該意識到，沒有任何東西可在本質上將我們與眾人分開。

當我們意識到「相似」（similar）這個詞意思代表「確實有開創性」時，我們便能更好地相互尊重。

我的生命為世界帶來的終極訊息是，對於所有在我人生中遇見的心靈導師、講者，以及一直跟隨我信息的人，我表示感謝和尊敬。但當全球一半人口正在飽受飢荒，兒童需要在垃圾堆中尋找食物時，爭論「人權」、「專政」、「共產主義」及「資本主義」根本是毫無意義，這是悲劇！

除非飢荒能得到正視和改善，否則所有事情對我來說都變得毫無意義。

而我希望在這裡表達的訊息是，看看身邊的人，舉例說，清潔工與科學家的分別在於他們所得的資訊不同，因為清潔工接受的教育較少，而被社會歧視。但他懂得清潔地板，和科學家有著同樣的貢獻。清潔工也有權利過著富尊嚴的生活，這對我來說才是人生的意義。

當我不再感到對世界有貢獻，當我只懂為自己著想時，那我便沒有權利站在這裡了。

朱瑟里諾教授

出版的目的

朱瑟里諾的目標不是為了他的預言成真。他很希望預言不要成真，同時也希望信件的收件人，即是我們，可以聽從他的預言來軟化問題或甚至在迫在眉捷之間能夠扭轉命運。朱瑟里諾向我們保證「沒有絕對發生的預言」，人類是有進化的可能。但是如何發生呢？轉變需要進化，要前所未有的改變我們思考及行為模式，展示更多對社會的關注及責任。你準備成為一個有良知的人嗎？就是現在！

朱瑟里諾的著作：

Chinese Editions 中文版本

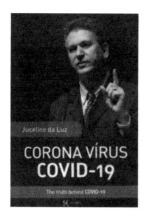

English Editions 英文版本

German Editions 德文版本

Portuguese Editions 葡文版本

Japanese Editions 日文版本

如需訂購有關著作（中文版除外），
請跟Martin Mosquera（巴西代表）聯絡：

電郵地址：
martincd_mosquera@hotmail.com

聯絡電話：
+55-62-982006505
（WhatsApp / Telegram / Signal）

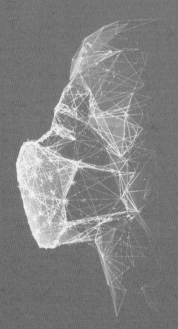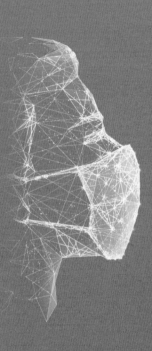

第
十
五
節

第十五節
人類的末日早已決定於良知的石頭上

人類的末日已刻在良知的石頭上，我們可透過教育改革及善用我們的智慧來逃過劫難。

智者早於十萬年前便已出現，文明社會才發展數千年，遠遠比起我們短暫的壽命長久。在銀河系140億年裡，這些比宇宙脈衝還要渺小。人類是脆弱的生物，不像銀河系般需要巨響才分裂，人類很易受疾病、飢餓、戰爭及殞石所侵襲……沒錯，我們很可憐，因為我們對環境作出了有意識的破壞。

末日似乎越來越變得無可避免。我們已經報導過，看著各國偉大的領袖互相推搪，看誰會先發動核武戰爭、無法以抗生素根除超級細菌，以及政府間應對小行星的準備來讓我們步恐龍後塵。為了緩解這種壓力，我們詢問了未來學家、人類學家、科幻作家和其他人：人類何時最終被消滅？

目前，最有可能令人類滅絕的原因是人類自作自受。雖然，自然災害依然存在（流星撞擊、伽馬射線爆炸、黑暗流行病……），但總比人類造成的災禍少，例如核武戰爭、生化武器、化學武器或摧毀我們的公民和生態賴以生存的基礎建設。某些發展中的科技如人工智能、錯誤使用合成生物製劑或機器來複製自己會對未來產生極大威脅。

使人類滅絕的災難可能併合數種災害：一個災難令大部份人類死亡，剩下求助無援的生還者將會讓整個情況變得越來越惡劣，直至全人類滅絕。

世界會否末日仍然存疑：估計直至下世紀發生的機會是45%至55%，研究人員估計29%將會出現危機，而電腦運算則指末日機會達19%。科學界仍未確認，但總括來說，我們被絕種的機率比火車意外高。如果是真的，我們必須預料人類會於數十年或百年內死去。

但是，如果我們面對現實且減低相關風險，那會如何？哺乳類動物生存了大約100至300萬年，如果我們只屬普通物種，我們還有90萬至200萬的年月可以渡過（人類大約於30萬年前出現）。

但智慧型生物並不是普通物種，我們的人口不尋常地增長，非常密集（雖然我們需要很多糧食，但世代也很久遠）。也許我們特別堅持，因為我們幾乎可以適應任何的生存方式。意思指我們不太可能滅亡，除非發生了我們無法控制的大型災害。這事情就像每1.1億年便會發生一次，繼而使物種有更長的壽命。

我們懂得科技，也有很強的適應能力，如今殖民太空也並非不可能。即使現在未能實現，但於下一個千禧年或許能成真。一旦我們能擁有多於一個星球，那麼危機便會大大降低。將有一群人類在遙遠的地方獨立起來自給自足。只要我們能夠在陽光和小行星風化層中茁壯成長，我們便可以成為數千年來保持穩定的廣大生態棲位的一分子（生態棲位是一個物種所處的環境以及其本身生活習性的總稱。每個物種都有自己獨特的生態棲位，藉以跟其他物種作出區別。生態棲位包括該物種覓食的地點，食物的種類和大小，還有其每日的和季節性的生物律動。）。

數十億年後，太陽開始轉變成為紅色巨人，這將是地球人的末日（但是，部份人能有足夠時間移到別的星球延長生命）。但在那之前，我們世世代代或許真的要遷移至別的星球，或者發送機械人去建立新文明，又或者成為非生物的後人類來應付這太空之旅。雖然進度緩慢，但是銀河系殖民似乎於萬年內可以實現（除非宇宙膨脹限制了我們的擴展，或者我們的速度追不上。）。這意指所謂的滅絕是毫無意義的，因為總有人帶著火炬繼續前行。

長遠來說，星體會耗盡而不復存在（在數億萬年之後），這便是一般星球的末日。我們可以創造人工的熱力延展下去，但能源總會耗盡。在冰冷的星球上，我們可以像軟件般存在，帶來廣闊的未來，但隨著時間的推移，能源將變得稀少。否則，我們仍然會遇到物質不穩定的問題，因為質子在超過10^{36}年的周期內衰落。有一天再也創造不到人類時，這可能就是期限。

另一個答案是，早在這發生之前，人類就已經發生了很大的變化。通過隨機基因突變、選擇效應或企圖性工程 —— 人類將會成為新物種。通過這種方式，我們將永遠不會死亡，這種蛻變是美好的，甚至乎是更好。

北韓剛剛向日本方向發射了一枚火箭，全球人民在危機期間轉向談論領導者問題 —— 美國總統 —— 是失敗的調解員。即使這樣，但我仍感到樂觀。用馬克吐溫的話來說，關於人類即將滅絕的消息總是被誇大了。

我們是一個非常有耐力及散佈在各洲的族群，因此，要立即將我們消滅，必須花上很大的力氣。但如果我們重視這人類文明，便該以關護人類生存的方向來延續這世紀。如果我們能夠到達2100年，看著我們的外星人或許會對我們這種地球智慧生物報以掌聲。

本世紀末的主要障礙是巨大的：一個科技先進的文明可擁有能力和任性，只需一顆原子彈就能讓自己消失；或許是遇上不受歡迎的巨型小行星、伽馬射線爆發、致命疾病及超級火山爆發等夕運。後者會令我們的地球陷入火山灰的冬天，毀滅我們及地球的食物鏈。

如果是前者，末日源於我們的行為，我有信心人類文明最後會做正確的事。我們生存在人類世（Anthropocene），未來是在我們手中。在火星殖民也不止於「如果」而是「何時」做到。這使我們成為多棲於一個星球的物種。這會大大減低我們滅絕的中期風險，因為理論上，殖民地不可以自給自足，仍需靠地球供應。

但是這裡有一個問題，人類世是以速度、大小、聯繫及驚喜而定性的。所有的新科技，無論是人工智能還是納米技術，都有意想不到的效果。人類世，如果事情結果的增長速度意外超出預期，我們很快就會發現自己面臨著地球體積大小的問題。令人擔憂的是，創新是急速的。或許地球上的最後一句說話會是：「我知道這是可行的。」

在30萬年人類歷史之中，我們知道一些險被滅絕的時刻，其中一個在大約7萬5千年前，當時有生育能力的智人數目下跌至1萬1千人。而事實上可能與多巴火山爆發（260萬年來最巨型的火山爆發）有關，那會使整個地球進入火山的冬天，或需經歷數

年。事實上，根據最近研究顯示，有些火山爆發會於首次爆發後2萬5千年持續。但是，這理論仍然受到質疑。

第二次差點令我們絕種的時刻比較近期，與我們最愛的冰凍汽水相關。1928年，科學家發明了新「安全」化學物，就是雪櫃及冷氣 ── 「氟氯化碳」（CFCs）。首一個C是惹人憤惱的字「氯」。顯然科學家及他們的泰斗亦不知道，那些化學家對臭氧層有著貪婪的胃口。尤其是臭氧層保護了地球上生命數十億年。沒有臭氧層，陽光的幅射會破壞農作物，而我們站在太陽下是否能夠存活也成疑。當1979年發現臭氧層穿了洞後，各國才禁止氟氯化碳氣體，此場災難總算避過。

如果我們沒有注意到臭氧層的破洞，或決定漠視此問題，到本世紀末，我們將面臨比熱汽水大得多的災難。更甚的「氯」會轉化成更可怕且更不穩定的兄弟「溴」，同樣保持汽水冷卻的物質，可能導致高智慧人類數目減少早一步發生。而溴破壞臭氧層的速度比氯快百倍。1970年代，在臭氧工作上獲得諾貝爾獎的保羅・克魯岑認為，這可導致地球一場大氣層的災難。

新環境危機成為比臭氧層同樣危急的問題。我們耗盡了所有排放溫室氣體的代替品。我們需要將這類氣體排放每十年削減一半，否則我們將冒跨越四度界限的風險。有人爭論工業社會會嚴重破壞地球，氣候失控令地球變得像金星般不宜居住。這例子看似遙不可及，但沒有採取嚴厲措施以減低排放，全球溫度將會升至威脅我們人類文明的危險水平。

雖然地球變得越來越熱，但你會看見還未到達金星的程度。在未達此程度前，由於未能從太陽系中輸入碳燃料，化石燃料可能會耗盡。太空採礦只是近期的事，我們最終都不可漠視它。再者，人類世很多事情都不是十分清晰，目前地球的情況卻是前所未見。

現在，地球系統的變化速度是人類的一個函數，並且正在加速。海洋變酸的速度也是3億年來前所未見。目前，二氧化碳進入大氣層的速度比2億6千萬年前大絕種時還要快。請緊記，當時地球八成海洋物種消失，且需要1千萬年時間復原。但是，地球復原時卻出現了恐龍。

地球史上共有五次大型滅絕，最近期的是6千5百萬年前，恐龍帝國消失之時。目前地球物種消失的速度跟大型滅絕相同：我們正面臨第六次的滅絕，而只有一種物種該為此負責 —— 就是（我們）人類。這十分重要，因為生物多樣性令地球上的生態系統穩定，包括大氣層、海洋、冰川、水循環及生命，這個循環正在急速改變（這是我們所討論的人類世最基本的研究）。這使我們需要顧及全球的文明 —— 包括農場、城市、民主、法律、科技等等，是由於相對穩定的地球而出現的。這有三種方法來緩減改變的速度：1）改變我們的生活習慣，2）人類之間互相真誠尊重彼此，3）人類文明崩潰。但是，一旦文明崩潰，也不一定指人類會與恐龍同一命運。

二十多年前，一位預言家揭示我們的銀河系將於40億年後與鄰近的仙女銀河系相撞。此預言成真可能是因為太空旅行監察遠離我們260萬光年仙女銀河系的移動。兩個銀河系因地心吸力互相牽引著。

我們的太陽系並不會因為這天文數字而被摧毀，但我們不會毫髮無損。太陽可能會被「拖拉」至銀河系的新區域。地球肯定會受到影響，因為我們的太陽移位了，首要是人類還沒摧毀自己的星球。即使是太陽在產生轉變之前或之後也不會抵抗。總有一天，太陽會從一顆冷巨星變成一顆小而熱的恆星，一顆「白矮星」。預言中，此宇宙事件就像棒球賽，銀河就像擊球手在等待發球，

而球便是仙女座星系。但在此情況，我們的銀河系將會收到數以億計的「火炎球」，而每顆都比地球還要大。

仙女座以每小時402,388公里的速度在宇宙中航行至銀河系，這次碰撞將以人類在整個存在歷史中從未見過的方式改變我們對夜空的看法。預計兩個相鄰的銀河系進行統一需多經歷20億年，最終變成一個橢圓形的新星系。

這一切將會怎樣發生？

38億年後，因著入侵星系的臨近，地球天空的景像將會改變。
從碰撞開始起2億6千萬年，我們將會看見「致命」的宇宙意外，使我們的天空佈滿更多星星，而且鮮艷奪目。

然而，關於人類即將滅絕的故事好像有點誇大，但我認為，這不是沒有可能的，人類世歷史上並無先例，一切皆有可能，人類該為充滿挑戰的未來作好準備。

或許這碰撞已正在發生……只是我們未察覺到。這是因為，在2015年，在仙女座星系周圍觀察到一團熱氣體，也稱為光暈。根據分析，哈勃太空望遠鏡獲得的遙遠類星體數據的科學家說，這個光暈在太空中的長度為100萬光年。銀河系也有一個大小與鄰近星系相當的光環。也就是說，兩個氣態光環肯定已經接觸了5年以上。 與此同時，讓我們為鄰居做點好事。

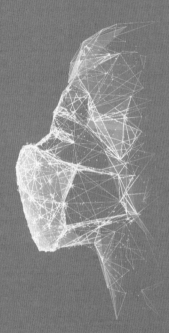

第
十
六
節

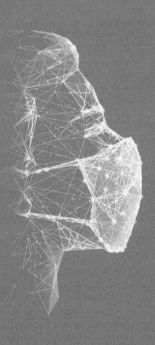

第十六節
全球從事製藥的公司研究

除了目前鬧得沸熱的新冠病毒外，全球沒有一所大型的製藥公司為下一場疫症作好準備。我們還特別指出中國將會爆發尼帕病毒，死亡率高達79%，是下一場潛在的疫症危機。

「尼帕病毒是另一需要特別注意的新興傳染病」朱瑟里諾說。「尼帕病毒可以隨時爆發，而下一場疫症將會是有抗藥性的感染。」朱瑟里諾續道。

根據有關資料和預測，我們注意到20家大型製藥公司（如葛蘭素史克和輝瑞）在低收入和中等收入國家的82種疾病的藥物供應情況。藥廠只對數種疾病費心研究新藥物，如愛滋（HIV）、結核、瘧疾、新冠肺炎及癌症。

傳染病

尼帕病毒（是一種引致溫和呼吸道症狀的病毒，但最嚴重的個案可導致腦炎，甚至死亡。）是10種具傳染性的病毒之一。根據預知夢，尼帕病毒是世界衛生組織確認16種對公眾健康最具威脅的疾病，但這並不是藥廠的研究項目。

裂谷熱（Rift Valley fever）、中東呼吸綜合症（MERS）及沙士病毒流行（SARS）於非洲撒哈拉以南，其引致呼吸道疾病的冠狀病毒的致命率比新冠病毒還要高，但傳染度較低，也可納入在內。

屈公病毒（Chikungunya Virus）近年肆虐美國、非洲及印度，儘管已有四項產品就蚊媒屈公病毒研發包括疫苗、藥物、治療方法及診斷工具和拜耳的新型空間氣溶膠殺蟲劑對付登革熱及寨卡病毒。

朱瑟里諾警告將可能發生一種抗藥性疫症的大流行，不單止難以想像，更是無可避免，除非藥廠認真研發抗生素的代替品。「尼帕病毒是另一種新型傳染病，需極大關注。」朱瑟里諾說。「尼帕可以隨時爆發，下一場疫症可能出現抗藥性。」預言家補充道。

他指出，雖然以上的疾病已經存在，但目前支持那些病毒研究的資金欠奉，我們必須在疫症還沒對衛生系統造成影響時進行。而我們必須知道還有其他因素如氣候變化，可以瞬間改變，導致病毒全球大感染且變得激烈。

下一次危機之預見 —— 可能在 2025年至2029年 之間發生

朱瑟里諾表示，雖然這數年預警了新冠肺炎、馬堡和尼帕病毒，並可能引致全球健康災難，但製藥工業及大眾社會對新冠病毒疫症的準備仍然不足。

新冠病毒疫症之前，製藥公司從沒有任何關於冠狀病毒的計劃。但是，隨著疫症大流行，藥廠卻只在數月內開發了疫苗。現時，共有63種許可或正研發中的疫苗及藥物對付新冠病毒。很可惜，這些疫苗仍缺乏效率及對人類不安全，因為我們需要更長時間去研究及預計疫苗對人類的長期影響和問題。

「但為何已被認定為危險的疾病卻沒有預料發生傳播呢？」以製藥的角度而言，被忽視的疾病未能賺錢。它們雖然有傳染力，但仍未及新冠病毒之傳播速度及"勢頭"。

意思指那些疾病會因應不同流行病學的原因而受到地域上的限

制。目前為止，當一種疾病極具傳染性及致命性時，傳播速度不會迅速，也不會造成大流行。

但是，他們指出存在病毒傳播的風險，主要是動物源頭的疾病，導致牠們改變其習性，使牠們具侵略性，禍及全球。

朱瑟里諾表示，製藥公司不是沒有預計可能出現的危機，而是經濟效益佔了主導地位，這也削減了研究的興趣。當沙士及中東呼吸綜合症爆發時，便啟動研究相關的治療方法。一旦病毒受控，加上盈利下降，研究意欲隨即減弱。面對這情況，各國需要學習如何為新一場疫症作準備。科學家團隊已經在不同範疇作出了貢獻，但也需要更多的研究資金。

最近有部份研究旨在提升面對可能危機的能力，讓他們減少過份依賴引進的知識。朱瑟里諾補充說，在基礎科學、公眾健康及創新的層面上，研發自身的知識以應對災難的情況是十分重要的。

製藥公司的研究

英國製藥廠GSK回到指數的頂峰，同時，美國公司輝瑞（Pfizer）首次進入前五名，並列在GSK、諾華及強生之後。

根據他們的預測，很多藥廠堅定的就環球性疾病如愛滋病、結核及瘧疾、未來疫症和抗藥性疫病等等改進及強化相關的研究，以製作及開發新的藥物和疫苗。

就目前而言，諾華（Novartis）是首間公司開發一個系統方案以確保其產品能達至最貧窮國家，那些國家比起全球的其他國家面對多82%的疾病，且疫情傳播得更迅速。

但是，即使藥物已推出多年，很多藥物目前還未能送抵中、低收入國家。根據產品分析，其中67種產品在所審查的106個國家中沒有一個被納入在任何的存取策略（公平價格、自願性牌照許可或捐贈）之中。

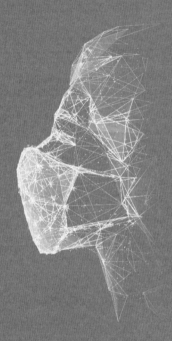
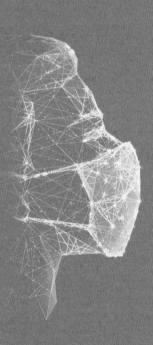

第
十
七
節

第十七節
朱瑟里諾警告 —— 大自然受到人類前所未有的破壞

朱瑟里諾在預知夢中看見，野生大自然的情況急轉直下，因為我們焚燒森林、濫捕海洋魚類及破壞野生動物聚居地。

我們正在破壞地球，這是我們唯一的家園。這危害我們的健康、安全，也威脅著地球上得生存的。現在，大自然正向我們發出哀鳴求救，挽救我們的地球已時日無多。

這些數字是什麼意思？

生物科學家監察全球多種不同的野生物種，發現他們正在消失。根據朱瑟里諾指，預知夢警告，自1965年以來，地球上2萬多個物種如哺乳類、鳥類、兩棲動物、爬行類及魚類已平均減少了70%。

物種數目下降是人類破壞大自然的一個清晰的訊號。如果我們不作出任何改變，物種數量毫無疑問會持續下跌，令更多野生動物絕種，威脅著我們賴以生存的生態系統。

預言亦指出新冠病毒、馬堡病毒出血熱、伊波拉病毒、尼帕病毒、登革熱等等是要有力的提醒人類與大自然是如何緊密相連。導致流行病出現的因素如野生動物失去聚居地及野生地商業化，令野生動物數量大減。

如立即採取緊急措施，嘗試採取新生活模式，改變我們生產及消耗食物的方法，就能減少伐林，甚至回復動物的聚居地。

或許現在就是時候，讓我們能夠達致與自然世界並存，成為地球的管理者。要達成此目的，必須有系統的改變我們生產食物、能源、管理海洋及使用資源的方法。

縱有上述種種的改變，最重要的是改變我們的觀點。我們面對大自然並不是選擇性或合法的擁有，大自然是我們恢復世界平衡的最大盟友。

量度地球上生命的多樣性是十分複雜的，當中包含很多不同的考量。同時，這些考量顯示了生物多樣性被人類以前所未有的步伐摧毀。

這個指數用以量度、衡量野生動物數量的增減，但指數並不顯示絕種物種的數量。

物種數量下跌最多的是在熱帶地區。拉丁美洲及加勒比海全球下跌多達95%，嚴重威脅爬蟲類、兩棲動物及鳥類；同時全球均須對此現象立即採取補救措施。

僅靠鼓勵及保護行動不足以改變這生物多樣性的消失曲線。
其他團體需要行動，現在我們指出食物系統角色的重要，全與食物供應、耕作及消費者需要有關。

有關大自然的流失，其他措施還告訴我們什麼？
我們地球擁有超過10萬種動植物，以及多於3萬4千物種瀕臨絕種。

我們需要明白1百萬物種（50萬種動物及植物和50萬種昆蟲）面臨絕種威脅，某些已經絕種，某些將於未來數10年內消失。

破壞大自然令疫症更頻繁

大自然生態受威脅並不是新鮮事，但是，現在已經威脅到人類物種的生存。預言警告，如果我們繼續破壞大自然的話，「另一疫症將會出現」！

砍伐森林及大肆摧毀生態系統是人類對大自然的妄為，如果我們現在不採取行動，改變人類對環境的行為，「將會出現比新冠、馬堡、伊波拉及尼帕更致命的病毒」。

「另一疫症將會出現，只是時間問題！」朱瑟里諾警告，他將會公佈他的預測。近四分三感染人類的新病毒將來自動物，但是，增加感染風險的是人類活動。

人類活動加上冰川溶化及伐林等等都增加了疫症爆發的風險。
朱瑟里諾解釋其中一個問題是，例如伐林迫使無數野生物種放棄其天然的聚居地而轉移至人工生態環境，牠們與其他物種接觸便會促使新疾病感染。

根據數個研究顯示，蝙蝠被懷疑是數種病毒的潛在源頭，甚至可能是新冠病毒及其他未來出現病毒的源頭。
蝙蝠顯然是某些病毒的宿主，但人類入侵及改變了牠們的生態系統，病毒才會傳染給人類及其他動物。

因此，即使蝙蝠是病毒宿主，在大自然，牠們很少將病毒傳染給其他動物或接觸新的病原體。不幸的是，人類不斷侵擾野生的生態系統，使動物與人類的接觸增加，病毒便由一個物種傳給其他物種，這叫作「人畜共同傳染病」。

真相是，在新冠病毒疫症出現前多年，朱瑟里諾已警告新冠病毒將會來自亞洲的蝙蝠，而那裡是全球伐林及破壞沼澤最多的地區。

「人類摧毀蝙蝠天然的生存環境，提供另一個居住地方。某些是人工化的環境，會與不同物種接觸，但大自然中，這根本不會發生。」朱瑟里諾解釋。

世界各地的傳染病專家仍堅信確認，蝙蝠傳播病毒的密度及種類將會隨人口稠密的地區增加。
「動物居住地被破壞是蘊釀新病毒的主要條件」朱瑟里諾補充。他更指出這只是數間大學的部份研究，『但這只是數個因素之一』。」

朱瑟里諾相信，避免感染未來的疫症主要方法不是去畏懼自然，而是認清人類活動導致新病毒傳染的責任，如新冠病毒及其他出現在我們地球上的病毒。我們應集中注意人類活動，其實可以安排得更妥當。

沙士及新冠病毒，以及其他在本書曾提及的病毒，與「野生動物用作商業、食物或醫藥用途、人類於市場上進行動物買賣、大型社交活動及人口遷移」有關。

朱瑟里諾對亞馬遜伐林的擔憂

蝙蝠身上有多達3千3百種不同的冠狀病毒，但大多對人類無害。在東亞地區發現的兩種冠狀病毒造成了沙士（2003年）及新冠疫情，而未來可能將有更多病毒的出現。預知夢警告，亞洲將會出現別的冠狀病毒，或在其他地區發展的流行疾病。

事實上，朱瑟里諾最關注南美、歐洲地區，因為當地的伐林速度急速上升，特別在亞馬遜。

在巴西，受破壞地區中最少有10%的蝙蝠是病毒的宿主，相對於

在森林內蝙蝠只得3.9%為病毒宿主的數字明顯為高。

「亞洲的情況更為嚴峻，將許多原本沒有接觸的物種被安排放在一起生活，這使病毒在物種間傳播。」朱瑟里諾解釋道。我們需要考量如何對待野生動物及大自然，目前我們使物種過於交雜了。

朱瑟里諾警告，如欲避免疫症，我們需要提升保護現有的生態系統，國際間需要合作監測潛在的流行病，以及教育群眾如何避免傳播和感染。

「如可能的話，我們必須在疾病出現前解除威脅。」朱瑟里諾強調。「所有今日的官方行動都是後知後覺，目的只在減低疾病的散播，其實是在姑息疾病。」

「面對不同的疾病需要不同的防範措施，加強社區管理才是較為有效及容易實行的方法。」朱瑟里諾指出。

無可置疑，預備及實行預防措施必定比病毒擴散時打擊全球經濟才來防範來得更有經濟效益。

「教育群眾是十分重要的，所以成為了首要任務。」朱瑟里諾道。新冠疫情過後，世界無法恢復「正常」般。我所指的是一些錯誤及成癮。

疫情過後，我們必須繼續面對氣候危機和全球暖化的後果。雖然

多個國家作出了禁制措施，以應對自然界而作出改變，包括少量的減排，但這不足以解決問題。

各國領袖必須小心翼翼的將世界重返我們認知的正軌，如果他們不教育民眾如何預防疾病，我們將逃不過氣候改變帶來的嚴重後果。在各國簽署的「原則聲明」（Declaration of Principles），各國政府承諾了一系列針對氣候危機的新措施，並在疫情後展開復原計劃，但我們卻不能停滯於此。

新時代需要新的處理手法，我們須進行大型的轉變以重建人類的生活和生命，推廣人人平等，防止下一輪經濟、健康或氣候危機。」朱瑟里諾補充。

已有數個城市向全球宣佈，經濟緊縮和放寬限制後將會實行一些明確和具體的持續低碳措施。這為地球而設一系列新的保護措施將為環境部門帶來龐大投資。

新冠病毒揭露了社會的不公，顯示了經濟的失敗，對弱勢社群帶來寵大的傷害。因此，人類必須創造更多綠色空間以保護生態及確保其可持續性。
在疫情後建立「更好的將來」，朱瑟里諾相信，我們需要接受「新的常態」，帶著應對緊急氣候狀況的新動力，遠離危機。

聲明同樣警告新冠疫情後，絕不應該恢復以往「常態」。因為全球正朝著四度或更大的暖化。同時我們留意到成千上萬的公司倒閉，需要立即採取補救措施，立即採取紓緩氣候及加速經濟復甦的行動並促進社會平等，利用新科技創造更多工業及就業。

「停止破壞大自然，否則將出現更嚴重的疫症。」朱瑟里諾總結道。

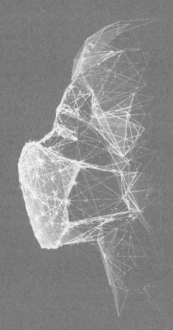
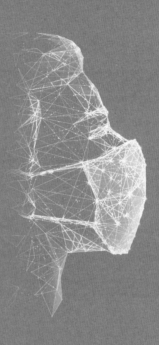

第十八節

第十八節
參考書目

1. 朱瑟里諾私人檔案
2. 全球致命疾病的研究
3. 在Google搜索獲得及具有版權的插圖,並寫上作者姓名。
   這些插圖在馬堡書頁上的圖片中。
4. 網絡研究及公共圖片

最新著作之中文譯本……
（不日放送）

2020-2043年的世界

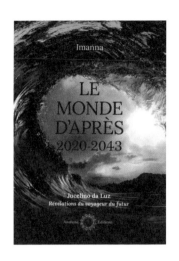

朱瑟里諾被某些國際媒體譽為「21世紀最偉大的預言家」，他撰寫了近100,000封預言信。由他九歲起，一星期共六天，每晚都會作九個「預知夢」。他的夢預言世界各地的事件異常準確。

五十年來，他去信給名人如皮禮士利、皇妃戴安娜、米高積遜或約翰尼‧哈利迪，政界人物如曼德拉、奧巴馬、默克爾，且去信很多航空公司告知航班出事的原因及航班編號。朱瑟里諾於1989年曾提醒喬治布殊說世界貿易中心的襲擊，他也曾預測查理周刊總部槍擊案、巴黎聖母院大火，以及氣候事件如2011年福島核電廠爆炸，又或他於2006年已鉅細無遺的公佈新冠病毒疫症如：「新冠肺炎會被稱為covid 19，由2019年9月12日在中國武漢開始，直到2019年12月31日始被發現。病毒傳播迅速，遍及全球，2020年全世界共數千人死亡……（2006年12月12日信件）。朱瑟里諾在中國爆發疫症前是唯一於13年前已預言新冠肺炎來臨的預言家。

此書也載有很多有關我們由2020年至2043年的信件：包括下屆美國總統選舉、未來的歐盟及世界經濟、衝突、無數因全球化造成的事件。

朱瑟里諾預言的目的不是希望預言成真，他衷心希望預言不會實現；同時，也希望看過預言信件的讀者能減低甚至扭轉迫在眉捷將發生的事件。朱瑟里諾向我們保證預言並不會注定發生，而人類有改變命運的可能。但是該如何做呢？改變需要進化、前所未有的思想方法及更小心翼翼的同行及承擔。準備成為一個有良心的人嗎？現在就行動吧！

THE MOST POPULAR PROPHET
JUCELINO NOBREGA DA LUZ

史上最強預言家。朱瑟里諾教授

預知夢粉絲會
2023

JNL Fans Club 2023

───── 請即加入 ─────

朱瑟里諾亞洲區粉絲會

免費出席預言分享會
獲得最新預言信息
與國際知名預言家直接對話
與您一同迎接未來!!!

Facebook 專頁

請掃描QR Code了解詳情 及
追縱朱瑟里諾亞洲區Facebook專頁

【靈性治療服務】

朱瑟里諾是國際知名的預言家，也是一位受萬人敬仰的靈性導師及能量治療者！

透過《遙距能量治療》及《靈性查詢》服務可以使您的身、心、靈得到能量的療癒，從而改善您的健康、工作、愛情、財運和生活各種問題，為你的人生提供正確方向！

如欲了解更多
朱瑟里諾亞洲區服務與產品，
請掃描以下QR Code瀏覽官網 或
whatsapp至+852-9388-4948查詢。

預言家朱瑟里諾（亞洲區）
官方Facebook群組

Facebook 群組

服務與產品

馬堡病毒 下一場疫症大流

原著書名	Marburg Hemorrhagic Fever
原　著	朱瑟里諾‧達‧盧茲（Jucelino Nobrega Da Luz）
原　文	葡萄牙語（2020年）
翻　譯	Amen Chung
編　審	Amen Chung
編　輯	文創社工作室
校　對	文創社工作室
封面設計	Concept Station
版面編排	Concept Station
出　版	文創社國際有限公司 Mankind Worldwide Company Ltd.
發 行 商	聯合新零售（香港）有限公司
地　址	香港鰂魚涌英皇道1065號東達中心1304-06室
電　話	(852) 2963-5300
傳　真	(852) 2565-0919
出版日期	2022年11月（初版）
印　刷	新世紀印刷實業有限公司
售　價	港幣＄198元正（台幣NT 800）

Published & Printed In Hong Kong
ISBN：978-988793599-5

版權所有 ● 翻印必究

未經出版者書面批准，不得以任何形式作全部或局部之翻印、翻譯或轉載。

※ Copyright © 2020 by Jucelino Nobrega Da Luz
※ Copyright © 2022 by Mankind Worldwide Company Limited
※ Chinese Translation Right © 2022 by Mankind Worldwide Company Limited

文創社 facebook

✉ 讀者意見電郵：mankindww@gmail.com
🅕 Facebook專頁：http://www.facebook.com/JucelinoNobregadaLuz.Asia